FAO中文出版计划项目丛书：青年与联合国全球联盟学习和行动系列

青少年森林科普手册

（第一版）

联合国粮食及农业组织 编著

陈再忠 温彬 等 译

中国农业出版社

联合国粮食及农业组织

2022·北京

引用格式要求：
粮农组织和中国农业出版社。2022年。《青年与联合国全球联盟学习和行动系列：青少年森林科普手册》。中国北京。

12-CPP2021
本出版物原版为英文，即*Youth and United Nations Global Alliance Learning and Action Series: The youth guide to the forests*，由联合国粮食及农业组织于2014年出版。此中文翻译由上海海洋大学安排并对翻译的准确性及质量负全部责任。如有出入,应以英文原版为准。

ISBN 978-92-5-136824-4（粮农组织）
ISBN 978-7-109-30033-0（中国农业出版社）

FAO中文出版计划项目丛书

指导委员会

FAO中文出版计划项目丛书

译审委员会

主　任　顾卫兵

副主任　罗　鸣　苑　荣　刘爱芳　徐　明　王　静

编　委　魏　梁　张夕珺　李巧巧　宋　莉　宋雨星　闫保荣　刘海涛　朱亚勤　赵　文　赵　颖　郑　君　董碧杉　黄　波　张龙豹　张落桐　曾子心　徐璐铭

本书译审名单

翻　译　陈再忠　温　彬　成　果　吉　钰　刘远昊　任泓潏　黄俊楠

审　校　朱章华

致谢

青年与联合国全球联盟(YUNGA)感谢所有支持本手册编写的作者、参与者、图形设计师以及其他个人和机构。所有参与者都在繁忙的工作中安排出额外的时间来进行撰写、编辑、校稿等工作,许多人慷慨地提供了图片和其他资源。在此特别感谢Geoff Gallice和Marco Schmidt为我们提供精美的图片。还要感谢UN REDD+"为未来培育森林"摄影比赛的获胜者提供的摄影作品。我们诚挚地感谢联合国《生物多样性公约》(CBD)秘书处的Neil Pratt和Chantal Robichaud,联合国教科文组织的Bernard Combes,联合国粮农组织的Renaud Colmant、Monica Garzuglia、Alashiya Gordes、Erik Lindquist、Christopher Muenke、Antonia Ortmann和Soalandy Rakotondramanga,TakingITGlobal的Jennifer Corriero和Michael Furkyk,世界自然基金会的Gretchen Lyons以及Christine Gibb,他们对本书给予了卓有成效的贡献。也特别感谢那些富有创意、极具耐心的美工艺术家们,尤其是巴托莱斯基工作室(Studio Bartoleschi)的原创设计和布局。所有参与者都非常关注森林的命运,支持森林保护行动。也非常感谢青年与联合国全球联盟大使们在本手册的推广中给予的热情和投入。

目录

A部分 关于森林

B部分 世界各地的森林

C部分 友好的森林

D 部分

遭受破坏的森林

E 部分

森林保护行动

前言

森林真的不可思议，它远不止是一片树木而已！

森林是各种动植物的家园——小到微生物，大到80米高的参天大树。森林与人们的生活息息相关，为人们带来新鲜的空气和干净的水源（而且是无偿的！）。对有些人而言，森林是他们工作、从事宗教活动甚或运动、娱乐和休闲的地方。正是因为森林如此奇妙和美好，大家就应该把它们当作重中之重加以保护，只有这样，今天的我们以及未来的人们才能从森林中获得无尽的快乐，对吗？可惜，现实并非如此。事实上，很多危险对地球上的森林构成了威胁。幸好，还有很多人（其中也有像你一样的年轻人）在坚持不懈地保护着森林。

如果你想对森林了解更多，那就到附近的森林或树林中走一走！在你亲自感受到森林的一些奇妙之处时，甚至见证了森林面临的一些挑战之后，将会让你豁然开朗。本手册将帮助你了解世界各地的森林，真正理解森林问题。青少年森林科普手册旨在为你提供信息、问题和想法。

A部分介绍了森林是什么、不同的森林类型以及决定这些差异的因素。B部分说明了世界各地发现的许多不同的森林生物群落以及它们之间的主要差异。C部分将描述森林为地球和世界各地的人们带来广泛利益的各种形式，例如森林生物多样性、森林生态系统服务以及森林的文化和休闲用途。最后两部分讨论了世界上的森林在当前和未来面临的挑战，并强调了哪些领域应当获得最迫切的关注和行动。D部分讨论了森林面对的威胁，而E部分介绍了不同群体为世界森林创造更美好的未来所做的工作，并介绍了如何参与这项重要工作。

本手册的一个重要补充资源是森林挑战徽章。它旨在以一种有趣和积极的方式帮助儿童和年轻人了解森林在维持地球生命方面发挥的重要作用。徽章课程包括一系列有趣和吸引人的活动和想法，以帮助年轻人获得保护可持续管理森林所需的知识、技能和价值观，以及如何持续为人类和地球提供利益。请浏览：www.yunga-un.org。

快乐阅读！

爱德华多·罗哈斯·布里亚莱斯
（Eduardo Rojas-Briales）

联合国粮农组织
林业司助理总干事

“森林是地球上最丰饶的自然资源之一，这就是我们为什么时常把它喻作“生命之树”的原因；森林是维持地球上生命的关键。它为我们提供木材，用来建房子、造家具或充当柴禾；它为我们提供了宝贵的生态系统服务，如净化我们呼吸的空气、保护水域，并为各种意想不到的生物提供家园。它不仅是有着文化价值的重要场所，也是休闲、消遣的好去处。我们不能让这宝贵的资源被破坏或损毁！请大家认真阅读本手册，好好欣赏和学习，然后付诸行动！”

布劳里奥·费雷拉·德苏扎·迪亚斯
（Braulio Ferreira de Souza Dias）

联合国《生物多样性公约》
执行秘书长

“树木和森林是生物多样性的核心组成部分，对可持续发展至关重要。在热带雨林的一棵树上可以找到数百种昆虫、鸟类、两栖动物、爬行动物、哺乳动物、真菌、苔藓和植物。滥伐森林不仅对这些物种和生态系统造成巨大压力，而且对直接依赖森林生计的16亿人以及受益于森林生态系统服务（如调节气候、提供洁净水源和休闲等方面）的人们造成巨大压力。在2011—2020年生物多样性战略计划中，将滥伐森林减少一半以上，以可持续方式管理世界上所有森林，并在2020年前恢复15%的退化森林作为目标。青少年森林科普手册将为你提供如何为森林采取行动并为实现这些目标做出贡献所需的知识和无数想法。”

联合国《生物多样性公约》、联合国粮农组织和青年与联合国全球联盟大使

©粮农组织/Simone Casetta

安谷（Anggun）
青年与联合国全球联盟大使

“你知道森林覆盖了地球陆地面积的30%以上吗？不幸的是，这个面积每天都在减少，因为人类正在砍伐树木，把它们变成木材并将土地用于农业等其他目的。继续阅读本手册，了解更多关于森林面临的威胁，我们都可以采取的一些简单行动来帮助保护它们。”

卡尔·刘易斯（Carl Lewis）
青年与联合国全球联盟大使

“你喜欢吃巧克力、浆果或蘑菇吗？你家里有木头做的东西吗？你喜欢看书、报纸或杂志吗？如果是这样，你就是在依靠森林来生产这些东西！然而，森林为我们提供的不仅仅是一些零食和家具——深入阅读本手册，了解森林对我们如此重要的确切原因。”

©粮农组织/Simone Casetta

黛比·诺娃（Debi Nova）
青年与联合国全球联盟大使

“你最喜欢哪种树？你知道有一些树生活在海洋中，还有一些树生活在沙漠中吗？构成森林的植物和树种的多样性确实令人着迷——有许多不同而奇妙的生物将这些地方称为家。让我们去探索是什么让森林成为如此炫酷的栖息地吧。”

爱德华·诺顿（Edward Norton）
联合国生物多样性亲善大使

“无论我们的日常生活看起来离树木和森林有多远，我们的生活依赖于它们过滤我们所喝的水、净化我们所呼吸的空气和保护成千上万种生物存活的非凡能力。在世界上的人们了解这种相互联系之前，数百万英亩的森林将继续被不可持续的产业所破坏。了解森林生物多样性，并发现无论身在何处都可以采取行动的方法。我们可以一起为世界自然资源设计一个更美好的未来。”

范妮·卢（Fanny Lu）
青年与联合国全球联盟大使

“让本手册激励你关心我们星球的森林中存在的不可思议的奇迹——从森林为我们提供的许多令人惊奇的东西开始，到看不见的但至关重要的生态系统服务，如果没有这些服务，我们就无法生活。几个世纪以来，森林也一直是世界各地许多文化活动的热门场所——森林对你的社会有什么贡献或意义？”

让·勒米尔（Jean Lemire）
联合国生物多样性亲善大使

“如今，栖息地的破坏是对地球上生命的最大威胁。现存物种正在失去它们繁殖、保护和供养自己的安全栖息地。这种情况对于面临农业和基础设施发展巨大压力下的热带雨林及其周围尤为明显。人类必须反思这些破坏性模式。了解我们作为人类是一个整体的一部分，我们的生活依赖于可能位于地球另一端的森林，是解决森林砍伐和栖息地破坏根源的起点。学习、分享和行动起来！”

莉亚·莎朗嘉（Lea Salonga）
青年与联合国全球联盟大使

“你和你的朋友喜欢森林的什么地方？几个世纪以来，儿童和年轻人一直在有趣的森林中玩耍，这不是很好吗？我们需要确保我们现在照顾好它们，让它们未来保持强壮和健康——这样未来的一群朋友也可以享受在森林里冒险的乐趣。”

©粮农组织/Simone Casetta

纳迪亚（Nadéah）

青年与联合国全球联盟大使

“森林对于帮助我们减轻气候变化的负面影响非常重要。你知道森林在其生物量和周围土壤中储存的碳比地球大气中的碳还多吗？它们还通过光合作用将二氧化碳转化为氧气，为我们提供可以呼吸的空气。我们要感谢森林的东西太多了，让我们用一点感激之情来回报他们吧！”

佩肯斯（Percance）

青年与联合国全球联盟大使

“你知道最古老的树之一已经有4 700多年的历史了吗？”一棵树在它的一生中经受住了如此多的因素和气候变化，这真是令人惊讶！让我们希望未来其他树木和森林也能如此长寿——但要做到这一点，我们需要确保现在就通过良好的森林管理和可持续的资源利用来保护和保存地球上的森林。”

瓦伦蒂娜·韦扎利（Valentina Vezzali）

青年与联合国全球联盟大使

“你认为对森林最大的威胁是什么？虽然你可能会想到很多，但并不都是厄运和悲观——我们可以做一些事情来确保他们有一个可持续和健康的未来。让我们一起行动起来解决森林问题吧——我们有许多人，我们是青年与联合国全球联盟！”

如何使用手册？

在本手册中，你会遇到一些小图标。这些图标提供了一种快速查看你正在阅读的内容的方法：

你知道吗？

我们的世界充满了奇异而美妙的事物。通过这些有趣的事实了解更多信息！

想一想

这些方框中包含的信息将帮助你思考影响世界森林的问题。

文化故事

几个世纪以来，树木和森林一直在影响着人类文化！从一个不同的角度来探索森林。

焦点关注

让我们更详细地探索一些主题。

最后，当你看到像这样突出显示的文本时，你可以在本手册后面的词汇表中查找关于该词的更多信息。

部分
A

关于森林

洛杉矶瀑布，哥斯达黎加

©Hannu

什么是森林？

1

森林覆盖了约30%的地球面积，是世界上80%陆地生物多样性的家园，好多呀！

关于森林，我们可以提出很多问题。

:: 究竟什么是森林？

:: 为什么世界上有这么多不同类型的森林？

:: 人类如何影响森林？

:: 哪些类型的生物生活在森林中？

在本章中，我们将开始回答这些问题。

如何定义森林？

森林没有一个准确的定义，但简而言之，它是由树木组成的自然生态系统。然而，什么是生态系统？生态系统是由你在某个区域中发现的一切组成的。既有生物体（植物和动物），也有非生物体（如岩石和土壤）。生态系统也是基于这些不同的组成部分如何相互作用来定义的。因此，森林生态系统的定义是你在其中发现了哪些动植物，以及它们之间的关系和周围的非生物元素。

现在，虽然我们知道森林是一种生态系统，但具体定义“森林”仍然不是那么容易。不同的群体，例如博物学家、经济学家、护林员和农民，各自使用不同的定义，因为他们都与森林有着不同类型的关系。“森林”实际上有1 000多种不同的定义！然而，只有一个定义有助于我们更好地彼此了解。此外，它为我们计数树木和测量森林大小提供了一个共同的起点——如果我们希望能够了解森林生态系统的健康程度，这一点很重要。

全球通用的森林定义是由联合国粮农组织（FAO）提供，即森林应该包括以下三个特征：

- 森林面积至少0.5公顷；
- 树高至少5米；
- 冠盖面积至少达到10%。

这可能看起来有点抽象，但是你可以通过下面的形容就可以比较轻松地将这个定义可视化。根据联合国粮农组织的规定，森林必须：

- 至少有一个美式足球场那么大；
- 有和成年长颈鹿一样高（或更高）的树；
- 如果你站在森林的地面向上看，树梢上是否有足够的树枝、树叶和藤蔓遮挡了至少1/10的天空。

城市公园、果园、农林业系统和其他农业树木作物都不属于联合国粮农组织的定义，因为它们不是自然生态系统（因为它们是由人类创造的）。然而，这些生态系统仍然非常有价值，有时被包括在其他定义中。

想一想

你会怎样形容一片森林？

离你住的地方最近的森林是哪里？

那里生活着什么样的植物、动物、树木和人？

芒果树，埃塞俄比亚
©粮农组织／Astrid Randen

树 木

我们知道森林是一个由树木组成的生态系统——但树木到底是什么呢？不幸的是，就像森林一样，对于树木没有固定的定义。这是因为它们的定义取决于谈论它们的人，就像森林一样。然而，我们都认为树通常是一种高大的植物，有长长的木质茎，叫做树干，树干上长有叶子和树枝。一棵树可以通过树干的长度来定义——如果树干太短，那么它就是灌木，而不是树。有些人还把树定义为任何可以用来生产木头或木材的东西。

你知道吗

如人们所知，最初的树出现在3.7亿年前。第一棵真正的树被称为古羊齿（*Archaeopteris*），高达30米，树干粗1米。在它之前没有植物能够长到这么高，因为它们的茎不像今天的树木那样强壮和牢固。

文化故事

Yggdrasil：生命之树

在古老的北欧神话中, Yggdrasil 是生命之树的名字。一共有九个世界, 而这棵不朽的参天大树遍布九个世界, 甚至耸入天堂! 三支庞大的根系绵延纵横, 与之相连的三口井源源不断地为其输送水源。

在其中一个树根的底部住着一条名叫Nidhug的龙，它会啃食树根。第二支树根伸入了巨人之地。第三个树根附近住着三个诺恩人，分别名为“过去”“现在”和“未来”。这些诺恩人被称为命运三女神，因为她们被认为能够决定每个人的命运。

人们相信Yggdrasil会带来生命和知识，并将天地统一起来。生命之树的比喻在许多其他宗教和文化中也很重要。你认为这是为什么呢?

手绘版生命之树
作者：Ludwig Burger（1825—1884）
资料来源：Wägner Wilhelm，1882。

不要失去你的叶子！

你可能已经注意到世界上种类繁多的树木！你有没有看到在冬天，有些树会留下叶子，而有些树会失去叶子？嗯，那些在冬天留下叶子的树被称为“常青树”，而那些在秋天叶子变成褐色并脱落的树被称为“落叶树”。

这两种树生活在不同的条件下，适应不同的环境。

你能在离你最近的森林里看到哪些类型的树？

落叶林鸟瞰图，展示了其五颜六色的秋叶。得克萨斯州，美国
©Wing-Chi Poon

这棵位于英国的雪松树是常青树的典范
©Bugdog

森林层

显然，森林中并非所有的树木和植物种类都有相同的大小。在下图中，你会看到森林有不同的分层，生长着不同的植物。虽然这些分层在不同类型的森林中看起来不同，但它们都有一些共同之处。让我们来看看。

森林层
©青年与联合国全球联盟／Emily Donegan

露生层

这是森林的顶层，由非常高的树木组成，突出于所有其他树木（它们从其他层“出现”）。这意味着这些树可以采集更多的阳光并长得更茂盛！

树冠层

这是由树木的“树冠”（顶部的枝叶）形成的。树冠的厚度决定了有多少光线进入森林的其余部分以及下面生长的其他类型的植物。例如，典型热带雨林的树冠阻挡了大约 95% 的阳光！

下层木

这是森林覆被和树冠之间的层。在这里你可以看到许多令人惊叹的森林生物，例如昆虫和大型动物！你在下层发现的灌木和树苗已经适应了生活在树冠的荫蔽下。（当一个物种产生特殊性状以更好地在特定环境中生存时，这被称为适应。我们将在本手册中探索许多巧妙且奇特的适应方式。）

森林覆被

这是森林的底层。没有太多的阳光穿过其他森林层导致这里很暗。在这里，你会发现许多真菌和其他分解者，它们会分解掉到地上的所有叶子和死去的生物体。它是营养循环的重要场所，为土壤和生活在其中的植物提供有机物质。

森林与生物多样性

《丛林故事》

1894年，Rudyard Kipling写了《丛林故事》（*The Jungle Book*）这部系列短篇小说，讲述了一个名叫Mowgli的小男孩失去了他的人类父母，被一群狼收养的故事。狼群把Mowgli当作自己的幼崽抚养，教它如何在热带雨林中生存，并尊重周围的动物。Mowgli在丛林中经历了许多冒险，在狼群和他的导师Baloo（一只熊）、Bagheera（一头黑豹）和Kaa（一条岩蟒）的帮助下，他找到了自己的食物，并发现了森林的许多秘密。

Mowgli被教导如何按照“丛林法则”生活。丛林法则提供了一套道德指标，告诉个人、家庭和社区应该如何相互尊重，以便和谐相处。由于这些道德标准，童军运动采用了《丛林故事》中的主题。例如，年轻的童子军被称为“幼童军”，他们聚集在一起形成一个“集群”，通过这个“集群”，他们可以学习很多技能，并学会尊重他人和周围的环境。童子军领袖也以《丛林故事》中的名字命名，比如Akela、Baloo、Bagheera和Kaa。

你可以在这里阅读《丛林故事》：www.gutenberg.org/files/236/236-h/236-h.htm。

当你阅读《丛林故事》，尤其是插图版的时候，你会在故事里发现丛林中有哺乳动物、爬行动物、树木、攀缘植物等各种各样的生物。这个虚构故事中的丛林生活实际上是现实世界中存在于世界森林中的生物多样性的例证。这种多样性，通常简称为“生物多样性”（biological diversity或biodiversity），不仅包括动物，还包括植物、真菌和微生物。

生物体之间以及不同物种之间的多样性都是由基因造成的。基因存在于所有生物体的每个细胞中，它们是操控细胞并赋予每个生物体独特特征的生物密码。除非你是同卵双胞胎，否则你的基因与地球上其他任何人的基因都不同；基因使你与众不同。基因中携带的信息是由父母传给孩子的。这就是为什么人们可能会说你看起来像你的父母——你们有很多相同的特征。

长臂猿在树上摇摆

©HURO计划

那么我们如何衡量生物多样性呢？计算在特定地方发现的物种数量是衡量一个地区生物多样性数量的一种常用方法。物种是一组可以共同繁殖以产生健康后代的生物体。例如，人类是一个物种，帝企鹅、长臂猿和死亡帽蘑菇也是。目前，科学界已知大约有175万种植物、动物和真菌，但人们认为可能有多达1亿种，而我们只是还没有找到它们！

想一想

你家附近有哪些类型的森林？

描述生活在这些森林中的生物多样性。

一个红色的死亡帽蘑菇
©Rosendahl

森林的生物多样性惊人地丰富。据估计，2/3的陆地（陆生的）物种生活在森林中，或依赖森林生存。然而，并不是所有的森林都包含相同数量的生物多样性或相同的物种。森林生态系统有很多种，每一种都有不同的物种，有不同的基因，生活在不同的环境条件下，以不同的方式相互作用。

焦点关注

如果想要进一步了解生物多样性，请参阅《青少年生物多样性科普手册》和生物多样性挑战徽章课程。

定义“生物多样性”

联合国《生物多样性公约》（CBD）是负责保护、利用和共享生物多样性的重要国际组织之一。在对定义进行了多次辩论后，政府官方谈判代表就生物多样性和生态系统的官方定义达成一致：

“生物多样性是指所有来源的生物体之间的变异性，其中包括陆地、海洋和其他水生生态系统及其所属的生态综合体；这包括物种内部、物种之间和生态系统的多样性。”

“‘生态系统’是指植物、动物和微生物群落及其非生命环境作为一个功能单元相互作用的动态综合体。”

（资料来源：联合国《生物多样性公约》，第2条）

联合国《生物多样性公约》

加拿大东部濒临灭绝的阿卡迪亚森林

森林食物网

这些物种的神奇之处在于它们无法独立生存。在每个生态系统中，物种之间可以相互作用，正是这些不同的相互作用使每个生态系统独一无二。所有不同的物种组成了一个食物网，从植物开始。植物被称为“生产者”，因为它们可以通过光合作用制造自己的食物（第14页“光合作用”图）。

森林食物网

其次是食用这些植物的消费者——以及其他消费者。吃植物的消费者被称为“草食性消费者”；吃动物肉的消费者被称为“肉食性消费者”；而既吃植物又吃动物的消费者被称为“杂食性消费者”。也有分解者，他们吃死的和腐烂的动植物，重新利用这些死物中的所有营养。因此，当我们关注森林生物多样性时，我们始终需要考虑物种和整个森林食物网之间的联系。

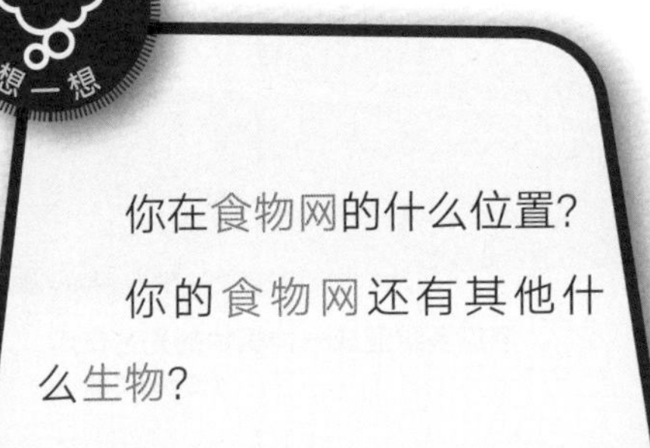

你在食物网的什么位置？

你的食物网还有其他什么生物？

光合作用

它的工作原理是这样的：植物能够将来自阳光的能量储存在一种叫做“叶绿体”的绿色小细胞中。利用这种来自太阳的能量，它们将空气中的二氧化碳、水和土壤中的养分结合成它们（以及我们已经看到的其他人）可以生存的糖。

这种转化还会产生一种非常有价值的“废物”：氧气。这是因为在光合作用中，二氧化碳分子被分解，所以植物可以利用碳来构建细胞。剩下的氧原子被释放回大气中，供我们呼吸。

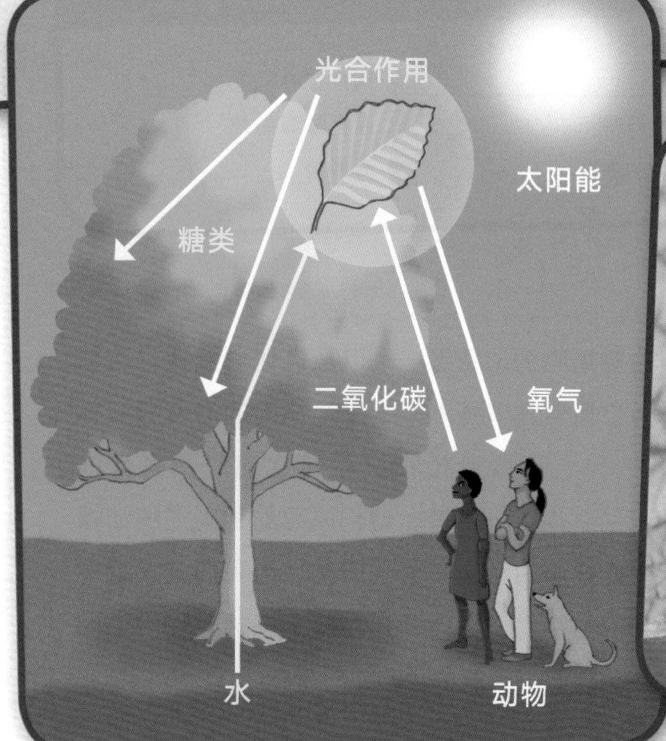

©青年与联合国全球联盟／Emily Donegan

厄瓜多尔亚庇一种植物的光合作用

©Geoff Gallice

结论

在本章中，我们学习了如何定义“森林”和“树”，以及如何描述四个关键的森林层。我们还发现了许多其他术语的定义，比如物种、生态系统、生物多样性和食物网——你还记得它们都是什么意思吗？森林是大量生物多样性的家园，其多样性因森林的位置和气候类型而有显著差异。我们将在第2章和B部分中更多地了解影响森林类型的因素。

哥伦比亚圣玛尔塔内华达山脉的原始森林

森林的分类

看看科学家们是如何对森林进行分类的吧！

在第1章中我们了解到，很难为森林找到一个单一的定义。造成这种情况的原因之一是有很多不同的类型——有如此多的多样性！这就是为什么科学家对森林进行分类，以便更容易区分它们。森林是根据两个因素进行分类的：

:: 人类活动对森林的影响。

:: 森林类型。这是由该地区的气候决定的。

本章研究了这两个因素如何影响森林的外观、森林中的生物类型以及森林中发生的所有不同过程。

人类对森林的影响

人类以许多不同的方式影响森林。为了解释人类如何影响世界上的森林，森林被划分为三大类：

原始森林

有本土树种的森林，没有人类活动的迹象。森林的生态过程没有受到广泛的干扰。

亚马孙内部，亚马孙盆地拥有世界上最大的原始森林
©粮农组织／A. Brack

其他自然林

自然生长的森林（没有人类的帮助），但有明显的人类活动迹象（例如偶尔砍伐）。这些森林可能包括本土和引进（或外来）树种。

突尼斯的天然松树林
©粮农组织／Guilio Napolitano

人工林/种植园

人类种植的森林。

菲律宾椰子种植园
©粮农组织／Franco Mattioli

我们将在D部分更详细地研究这些类别，以及人类如何影响森林。

森林生物群落

虽然人类会对森林的外观造成很大的影响，但人类并不是影响世界森林差异的唯一因素。你有没有注意到，祖国的森林可能看起来和你在其他国家看到的或你读过的书里看到的很不一样？如果你参观了哈萨克斯坦、印度尼西亚、马拉维、秘鲁和加拿大的五处自然林，你会看到五种截然不同的森林。而在一些国家，比如卡塔尔，根本就没有森林！这是为什么呢？

之所以存在这些不同类型的森林，是因为森林生长在不同的气候条件下。气候是指一个地方每天天气的长期平均值或整体情况。气候会受到许多不同因素的影响，包括纬度和海拔。在每个不同的气候中，都有不同的温度、降水量（从天而降的水，例如雨、冰雹或雪）、阳光和风。所有这些因素共同决定了生活在该地区的植物和动物以及它们如何相互作用。

特定的地理区域被划分为“生物群落”，每个生物群落由生活在那里的物种定义。因此，气候决定了一个地区存在什么样的生态系统以及我们在那里看到的森林生物群落的类型。让我们来研究一下这些气候因素以及它们对森林的影响。

纬度

纬度告诉我们地球上某物的南北位置。它是用度数来测量的，就像你用量角器测量一个圆的角度一样。如果你在纬度0°，那么你一定是在赤道，如果你在纬度90°，那么你定是在北极或南极！纬度影响气候的温度。因为在低纬度地区，太阳和地球表面之间的距离较短，所以这些地区很容易受热。例如，地球上在接近赤道的纬度地区是温暖的，而两极则是寒冷的。

地理区域

我们使用纬度定义世界各地所在的地理区域。以下是不同的区域以及它们所在的位置：

- 北极地区，北极圈以北。
- 北温带，位于北极圈和北回归线之间。
- 热带（或热区），位于北回归线和南回归线之间。
- 南温带，位于南回归线和南极圈之间。
- 南极圈以南的南极极地地区。

在乌干达的热带和亚热带生物群落中生长的铁树

©粮农组织／Roberto Faidutti

纬度也决定了一个地方经历的季节。季节是指一个地方在一年中气候条件的差异。导致这些变化的原因是在高纬度地区地球到太阳的距离全年都不同。然而，赤道很少有季节变化，因为地球的这一部分到太阳距离总是保持不变。季节变化的程度决定了植物和动物对温度和降雨差异的抵抗力。例如，生活在北极高纬度地区的动物和植物必须能够适应夏季24小时的日光和冬季24小时的黑暗以及寒冷的条件。

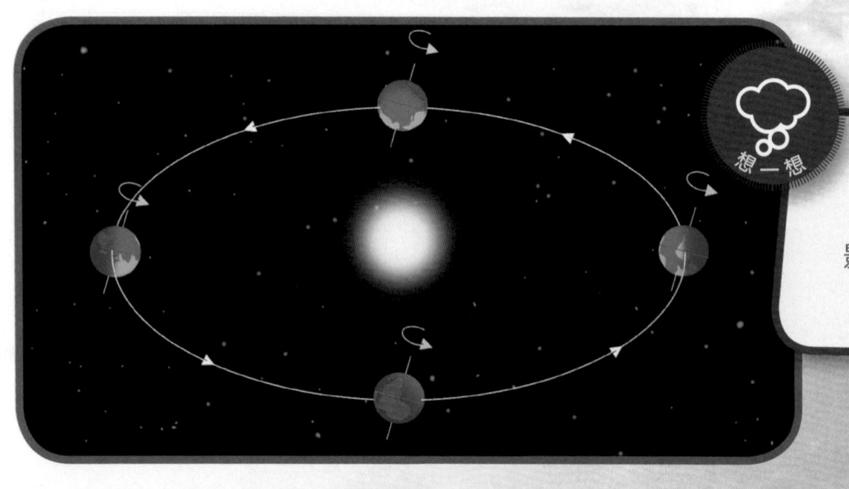

地球绕地轴自转，又绕太阳公转。由于绕地轴的运动，地球的同一部分在一年中会离太阳更近或更远。这就是季节形成的原因

©青年与联合国全球联盟／Emily Donegan

想一想

你认为季节如何影响森林的生长?

由于不同纬度的温度不同，从赤道到两极，你会发现不同类型的森林。下图显示了北半球不同纬度地区的森林。

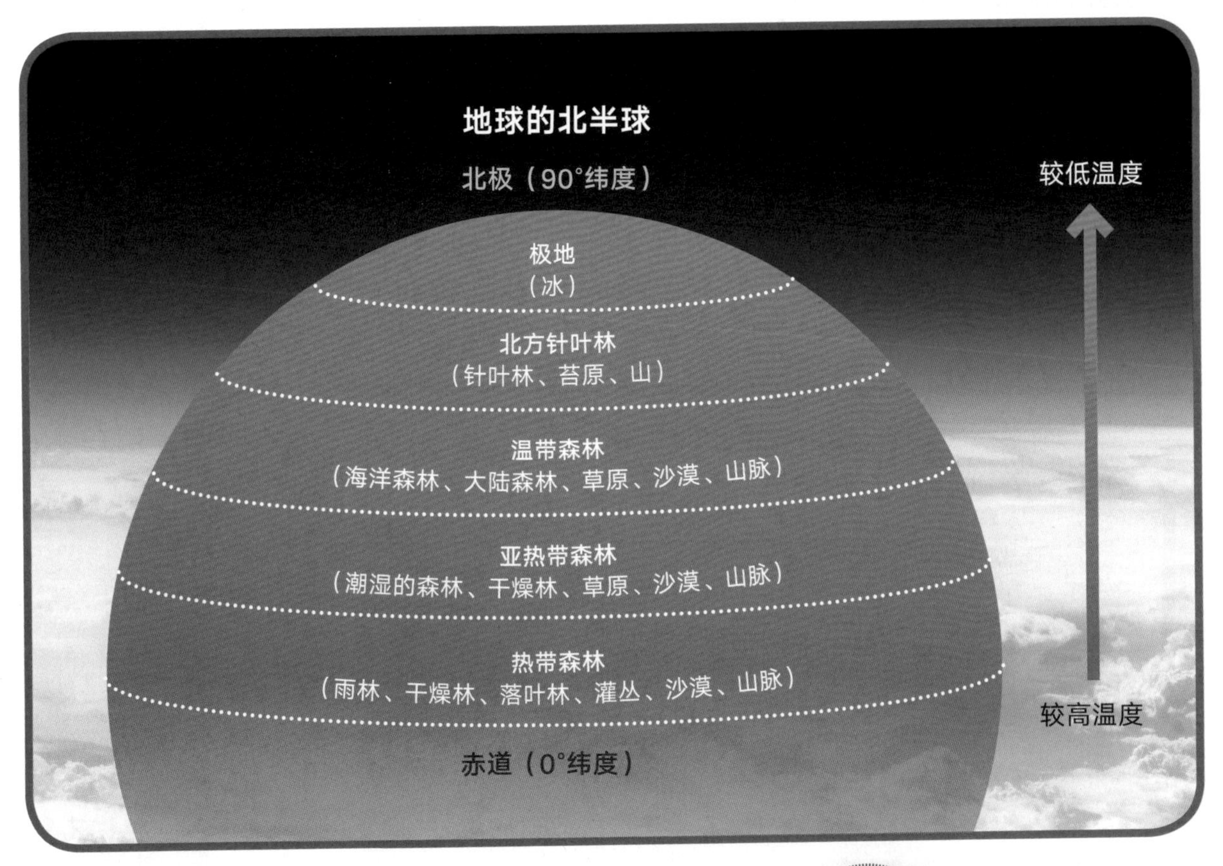

在不同纬度发现的森林类型

©青年与联合国全球联盟，改编自《自然探询者2011》

靠近赤道的森林通常是热带森林，而位于北极寒冷地区的森林是北方针叶林，由常绿针叶（球果）树组成。在北方针叶林和北极之间根本没有森林，那里真的很冷。相反，矮小的灌木、耐寒的小型植物、地衣和苔藓生长在一个叫做苔原的地区。在寒冷的极地和炎热的热带之间有温带地区，其中有落叶林和亚热带混交林。

想一想

你希望在哪里找到更喜欢高温度的森林类型？

你希望在哪里找到更喜欢低温度的森林类型？

海拔

陆地高于海平面的高度称为海拔。高海拔地区的气候比低海拔地区凉爽。因此，当你爬山时，温度会降低。由于不同的动植物喜欢不同的温度，因此你在一个地区发现的生态系统类型会因海拔不同而不同。

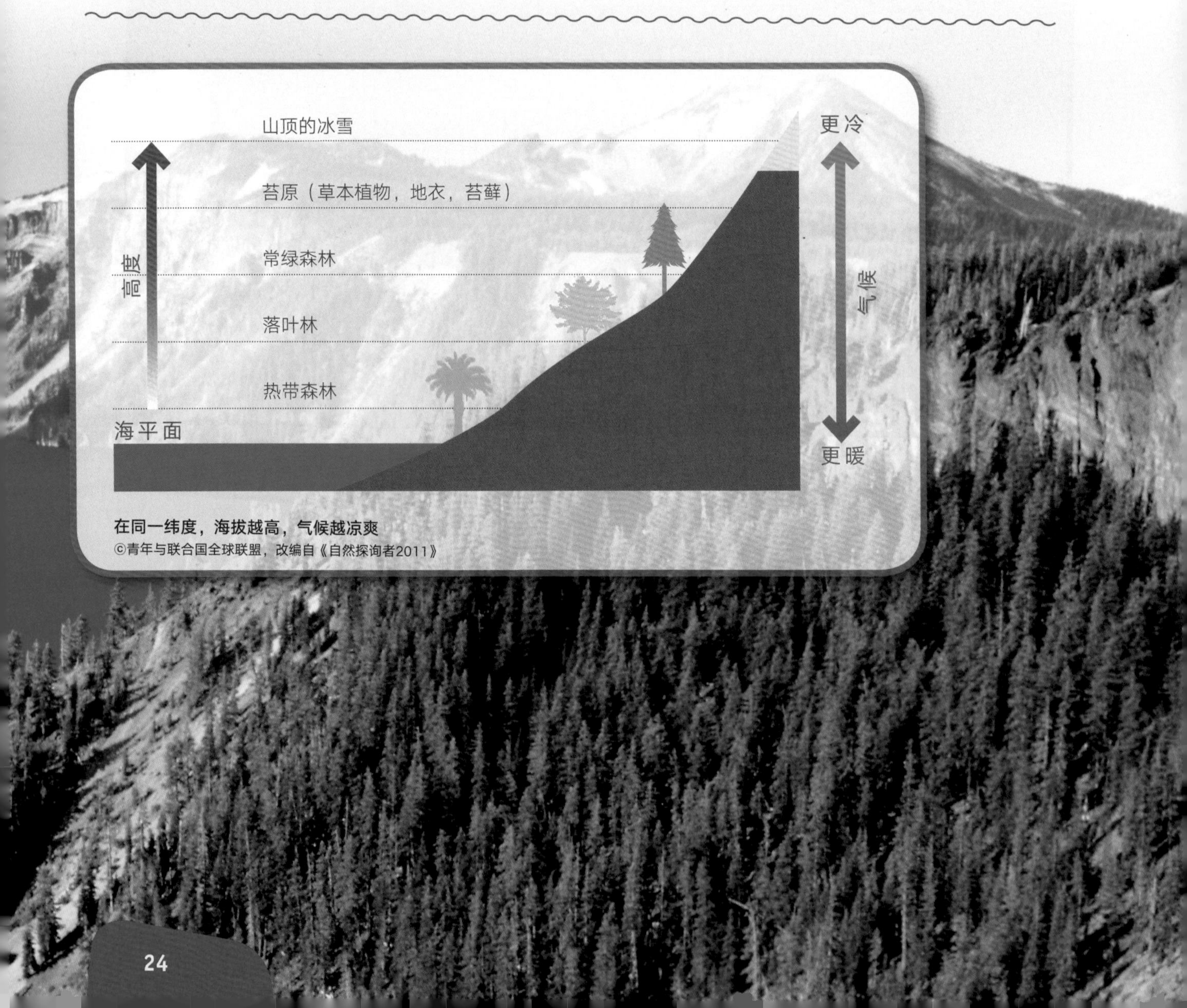

在同一纬度，海拔越高，气候越凉爽

©青年与联合国全球联盟，改编自《自然探询者2011》

降水

降水是指从大气中落到地面的水，如雨、雪和冰雹。在地球上，不同地区的降水量不同。正如我们所见，这是由该地区的海拔和纬度决定的，但这也取决于该地区离大海或大山的距离。

所有植物的生存离不开水，随着时间的推移，不同地区的植物已经适应了不同的水分，尤其是它们所能获得的降水量。例如，生活在沙漠中的植物不需要太多的水，并且已经能够储存少量的可用水分。然而，其他植物需要大量的水才能生存，因此降水量决定了哪些植物可以在某个地区生存，以及你可以在那里找到哪些类型的森林。一般来说，干燥地区的植物和树木比湿润地区少。一些沙漠地区根本没有植物或树木！

想一想

极地有大片的冰（即大量的固态水），但没有森林。

你认为这是为什么呢？

从上至下：

孟加拉国孙德尔本斯的红树林。红树林有特殊的适应能力，可以永久生活在水中

©粮农组织／G. Grepin

塞内加尔的金合欢森林种植园。金合欢树通过在树皮和树的中部储存水分来适应干燥的气候

©粮农组织／Selou Diallo

气候和森林

我们讨论过的所有因素（纬度、海拔和降水）相互作用共同决定一个地区的平均天气条件（或气候）。因此，生长在不同气候条件下的森林也可能因地而异。在世界上一个干燥的地方，森林的植被可能很少，例如，非洲撒哈拉沙漠南部的萨赫勒地区的森林。在世界上另一个降水量大的地方，森林中可能有生长迅速的大树，比如亚马孙丛林。

秘鲁洛雷托地区上亚马孙盆地的亚马孙雨林
©Shao

决定气候的各种因素组合在一起也会导致一些意想不到的结果。例如，靠近赤道的高海拔地区也会很凉爽。因此，像乞力马扎罗山这样的山，虽然位于坦桑尼亚赤道以南3°，但它高达5 895米，山顶上也会有冰雪。如果攀登乞力马扎罗山，你会发现沿坡生长着许多不同类型的林木，以及适应山地环境的草丛和植物。下图显示了植被类型、降水量、温度和纬度之间的关系，并说明了不同的因素组合是如何导致不同的植被类型的。例如，苔原在两极（高纬度地区）温度较低，且有一系列干燥和潮湿的降雨条件。相比之下，热带灌木地通常位于赤道附近，那里温度较高，雨量适中。

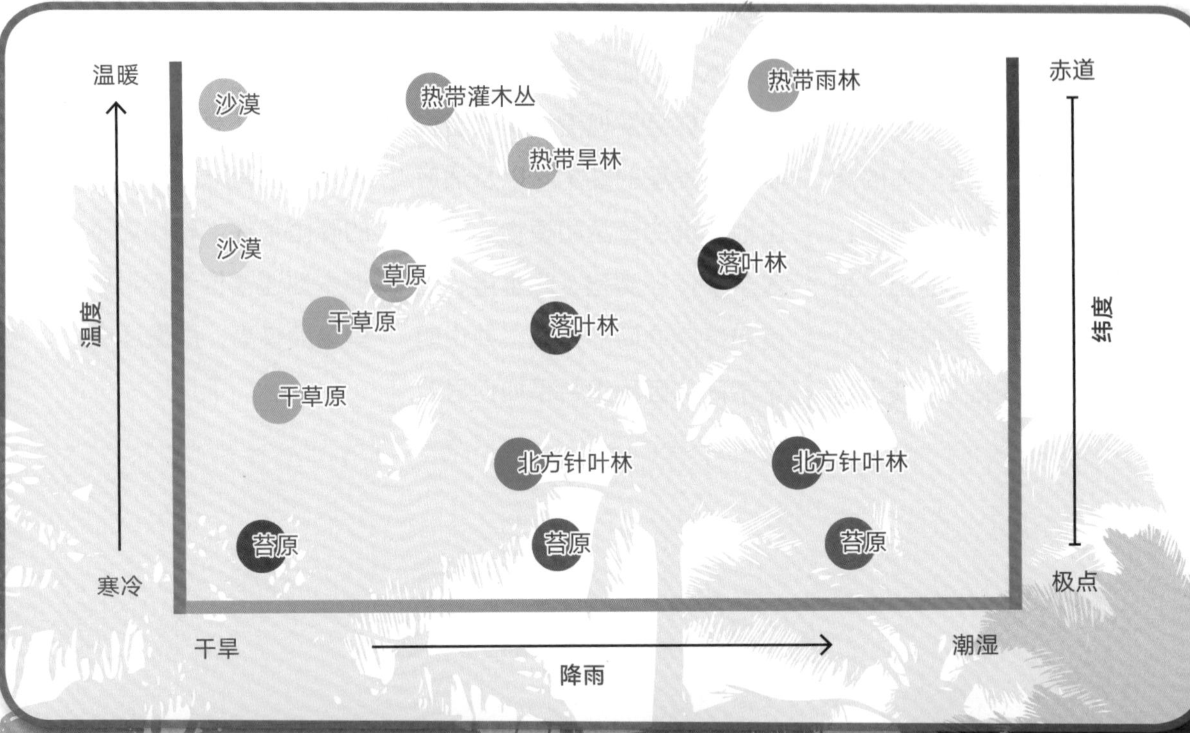

不同类型的森林存在于不同纬度的一系列气候条件下
©青年与联合国全球联盟，改编自《自然探询者2011》

位于纳米比亚马汉古国家公园的萨赫勒亚撒哈拉草原上的一棵猴面包树，名叫（*Adansonia digita*）
©Marco Schmid

结论

你发现天气和气候对一个地区森林类型的影响是相当惊人的了吗？气候、纬度和海拔都在决定一个地区所能生存的动植物种类方面发挥着重要作用。我们如今所知，这些特殊的地理区域被称为生物群落，在世界上不同的地方差异很大。请翻到B部分，找出所有不同的森林生物群落和其中惊人的生物多样性！

B部分

世界各地的森林

3 主要的森林生物群落

蒙特维达山的森林斜坡，哥斯达黎加海岸
©Geoff Gallice

主要的森林生物群落

3

了解世界上发现的主要森林类型和生活在其中的不同物种。

地球上生长着什么样的森林？它们在哪里被发现？

既然我们知道气候决定了地球上有哪些自然林，让我们仔细看看一些主要的森林生物群落。

热带雨林

热带雨林主要分布在气候终年炎热潮湿的地区，它们位于赤道附近，所以季节变化不明显。例如，南美洲的亚马孙盆地、中非的刚果盆地和东南亚的内陆地区主要都是热带雨林。在本章中，我们将逐一研究这些热带雨林。

热带雨林是世界上最多样化的陆地生态系统，有许多稀有、特有和濒危的动植物物种。那里植被丰富，高大、紧密的树木形成层层交叠的树冠。新兴层中最高的树木能达到50～60米！在热带雨林中，树木通常靠得很近，只有5%的光线能穿过树冠照到森林覆被。热带雨林包含许多可用资源，如木材、藤（用来编织篮子和其他家具的棕榈树）、水果、坚果、药用植物和橡胶。这些森林也是许多原住民的家园。

多米尼加的热带森林

©粮农组织／T. Frisk

特有物种（本土物种）

当有人说一个物种是某个地区的“特有”时，这是什么意思？一个地区（这可能是一个岛屿、国家或栖息地）的特有物种是指只在这个地区发现而其他地方没有的物种（除非它被运送到其他地方，例如动物园）。

岛屿往往有许多特有物种。你能猜到为什么吗？这是因为生物体（或者至少是那些不会飞或游泳的生物体！）很难从大陆或其他岛屿穿越水域。这意味着岛屿上的生物非常孤立，它们的进化方式往往与大陆上的生物不同。

热带雨林也有非常显著的地方性特点，这使它们成为重要的保护场所，因为如果热带雨林特有物种的栖息地遭到破坏，进而导致这些物种灭绝，那么这些物种就永远消失了！这就是所谓的灭绝。

位于法属圭亚那靠近卡考地区的热带森林
©Cayambe

热带雨林的植物

世界上超过一半的树可以在热带雨林中找到——这可是很多很多种树啊！树木能在热带雨林中快速生长，那里温暖、潮湿，这些都是植物生长的绝佳条件。由于到达树冠层以下的光线非常少，生活在下层的植物必须能够适应弱光环境，或者能够生长起来接触到上面的光线。让我们来看看生活在热带雨林中的一些神奇的植物物种。

木棉树和附生植物

木棉树生长在世界各地的热带雨林中。这棵树很突出，因为它很高。它可以长到60米高，并且是森林新兴层的一部分，因为它的树冠高出大多数树木的树冠。

位于巴拿马博卡斯德尔托罗科隆岛的木棉树
©Geoff Gallice

木棉对于一种叫做附生植物（生长在其他植物上而不是地面上的植物）的植物来说尤为重要。当附生植物长在木棉树枝上时，它们可以比长在森林覆被上获得更多的光照。如果没有木棉这样突出的树，这些植物就无法生存。但是，如果附生植物长在树枝上，它们的根在哪里呢？其实，这些植物有气生根，可以从空气、雨水和附近的碎片中吸收植物生存所需的所有水分和营养物质，不用从土壤中吸收，所以这些植物从来没有真正附着在地面上！

哥斯达黎加蒙特佛得山，附生植物生长在一棵树的森林冠层上

©Geoff Gallice

你知道吗

附生植物不仅存在于热带地区，你也可以在温带森林中找到这些非寄生植物。只要看看树上生长的苔藓、地衣、地苔和藻类就知道了。在热带地区，最常见的附生植物类型是兰花、蕨类植物、仙人掌和凤梨科植物。

肉食性的热带猪笼草

“热带猪笼草”或“猴杯草”，主要分布在东南亚的热带雨林中。它们生活在森林底部的下层木中。因为它们通常生活在弱光照条件下，不像普通植物那样从阳光中获取全部的能量，但它们也有另外的能量来源——动物！没错，这些植物是肉食性的，它们用充满液体的罐状陷阱捕捉猎物。动物掉进水罐里后无法出来，最终淹死在水罐的液体里。猪笼草猎物通常是昆虫，但已知有些猪笼草可以捕捉更大的猎物，如老鼠和蜥蜴！

位于马来西亚砂拉越州的猪笼草
©Richard Sinyem

厄瓜多尔基多亚库水上博物馆
凤梨树上的囊蛙
（*Gastrotheca riobama*）
©Patomena

凤梨科植物

凤梨科植物是一个包含2 700种不同物种的植物家族。一些凤梨科植物的叶子坚硬，相互重叠，下雨的时候这些植物吸收水并将其储存在它们的叶子之间，就像小湖一样（这在雨林中很常见！）。这会导致藻类生长，从而吸引蚊子幼虫和其他昆虫，进而吸引青蛙等大型动物。因此，这些十分有用的植物可以自己形成一个生态系统，并包含自己的食物网。有一种非常有名的，人类把它作为食物的凤梨科植物——菠萝！

亚马孙热带雨林

亚马孙雨林是世界上最大的热带雨林，占地8亿多公顷，横跨9个国家。亚马孙盆地维持着世界上最丰富的鸟类、淡水鱼和蝴蝶的多样性，据估计，这里拥有四分之一的陆地（陆生的）物种。这里是美洲虎、角鹰和粉红河豚等珍稀物种的栖息地。

"这片土地是大自然为她自己建造的一个巨大的野蛮、凌乱、茂盛的温室……"

查尔斯·达尔文《小猎犬号航行记》（1839年）

亚马孙粉河豚

亚马孙粉河豚是世界上最大的淡水海豚。雌性可以长到2.5米长，100千克重！这些海豚在被洪水淹没的森林中捕食。为了帮助他们绕过被淹的树干，他们有一个惊人的适应能力：与其他无法转动头部的海豚不同，这些海豚有特殊的脖子，可以让它们的头部旋转180°！在亚马孙盆地，粉红色的河豚也被称为Boto。在传统的民间传说中，人们认为Boto有特殊的力量——它们被认为是会在夜晚变成人的变形人！不幸的是，河豚正受到河流污染和渔网缠绕的威胁。

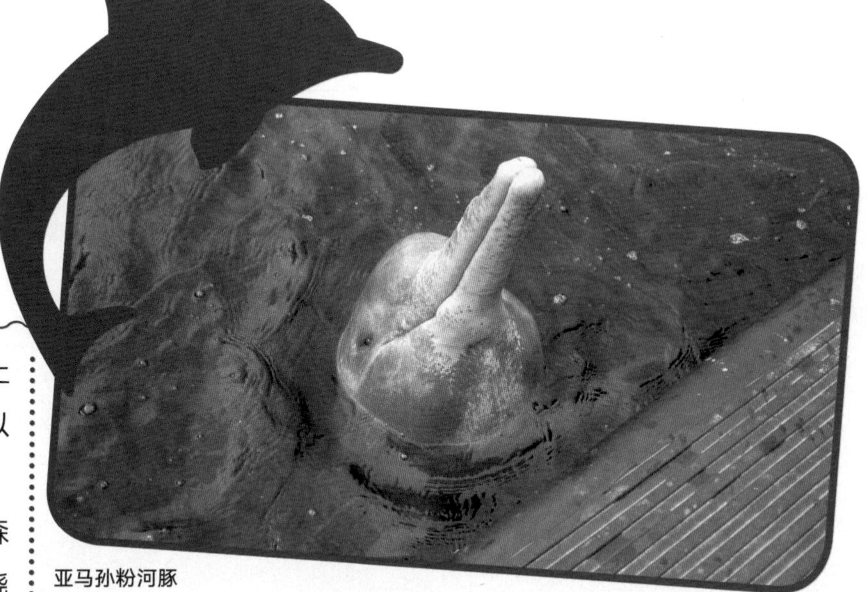

亚马孙粉河豚
©Jorge Andrade

鹦鹉

在物种如何特异性适应其森林栖息地这方面，亚马孙的鹦鹉是一个很好的例子。鹦鹉通常吃雨林植物的果实——但它们也吃泥土！这种做法被称为“舔泥”。泥土不可能好吃，那么这一奇怪习惯的原因是什么呢?其实，这些鸟不能从它们的主食水果中获得所需的所有营养；具体来说，他们不能足够摄入我们在盐中发现的一种叫做钠的矿物质。他们吃的黏土中含有这种重要的矿物质，这就是为什么鸟类会为了吃黏土而大量聚集的原因。如果土壤中没有钠，这些鸟类将无法生存。

厄瓜多尔亚苏尼国家公园阿南古，许多鹦鹉在舔泥。看到的物种是蓝头鹦鹉（*Pionus menstruus*），暗头鹦鹉（*Aratinga weddellii*），亚马孙粉鹦鹉（*Amazona farinosa farinosa*）和亚马孙黄冠鹦鹉（*Amazona ochrocephala*）。
©Geoff Gallice

刚果盆地

在非洲大陆的中心，刚果盆地的热带森林覆盖了4亿多公顷的面积，提供了一个马赛克般的生态系统——河流、森林、沼泽和被淹没的森林——它们生机勃勃。它包含600多种树木和10 000多种动物！刚果盆地的森林为生活在古树的高耸树冠下的森林象、大猩猩和其他野生动物提供了避难所。

刚果雨林是许多“魅力物种”的家园——这些动物物种在人类中很受欢迎；把他们想象成动物电影明星吧！因为很多人都知道这些物种，它们可以用来提高人们对整个热带雨林的认识。

克罗斯河大猩猩

克罗斯河大猩猩被发现于尼日利亚和喀麦隆边境的刚果盆地热带雨林，是世界上最濒危的灵长类动物之一，在野外生存的只有大约300只。

克罗斯河大猩猩，喀麦隆
©Julie Langford 和林贝野生动物中心

森林象

这些大象生活在刚果盆地的热带雨林深处，通常是独居或群居。即使它们分开生活，这些大象可以用它们的低频轰鸣声在几英里的森林里交流，其中一些声音非常低，甚至人类都听不到。大象为森林里的植物进行一项非常重要的服务：它们吃掉其他动物不能吃的大种子，然后当它们活动时，会将种子传播到其他地区！这保证了植物遍布整个森林。然而，由于它们的象牙价值不菲，这些大象遭到偷猎的威胁。

位于刚果努瓦巴莱——恩多基国家公园内姆贝利河中的非洲森林象
©Thomas Breuer

倭黑猩猩

倭黑猩猩和普通的黑猩猩是与人类最接近的近亲物种。它生活在刚果河以南刚果民主共和国的热带雨林中。倭黑猩猩是高度群居的动物，生活在相当大的群体中。有些人甚至认为倭黑猩猩具有许多人类的情感，如喜悦、同理心和对他人的同情心。

法国灵长类猴谷的雌性倭黑猩猩
©Hans Hillewaert

东南亚热带雨林

婆罗洲和苏门答腊岛是世界上一些最多样化的热带雨林和东南亚仅剩的大型原始森林所在地。这些岛屿的热带气候和多样化的生态系统为大量生命创造了栖息地。婆罗洲和苏门答腊的森林是地球上生物多样性最丰富的栖息地之一，拥有数量惊人的独特动植物物种，这些物种在其他任何地方都无法生存。婆罗洲的森林是200多种哺乳动物的家园，包括大象、猩猩、豹子和犀牛，350多种鸟类，150种爬行动物和两栖动物，以及令人惊讶的是有10 000种植物！10 700种是非常惊人的数量，这个数字甚至还不包括森林中的所有昆虫、微生物和真菌物种！

红毛猩猩

红毛猩猩
©Julie Langford

红毛猩猩原产于印度尼西亚和马来西亚，目前仅在婆罗洲和苏门答腊岛的热带雨林中发现。“orangutan”一词来自马来语“orang”（人）和“（h）utan”（森林）；因此，猩猩被称为“森林人”。这两种猩猩生活在两个不同的岛屿上，因为人们正在破坏他们生活的热带雨林，它们都面临灭绝的威胁。根据国际自然保护联盟濒危物种红色名录（对物种的威胁程度进行分类），苏门答腊猩猩属于极度濒危，婆罗洲猩猩属于濒危。

巽他云豹

巽他云豹是婆罗洲和苏门答腊岛最大的猫科动物。这种豹是“树栖动物”，也就是说它生活在树上。人类对热带雨林的大量破坏，导致这种美丽的猫科动物在国际自然保护联盟的红色名单上被列为濒危物种。

印度尼西亚加里曼丹，一只巽他云豹坐在树叶和蕨类植物之间
©Spencer Wright

会走路的鲶鱼

你见过会走路的鱼吗？虽然听起来像是童话故事，但这种会走路的鲶鱼（*Clarius batrachus*）确实存在于东南亚的热带雨林中！这种不可思议的鱼类用它的前鳍（或胸鳍）来帮助它像蛇一样在地面上蠕动。但它为什么要这样做呢？是为了离开水面去寻找食物和其他可以生存的水体。这种鱼通常生活在死水里，如池塘、稻田和小溪流，所以有时它必须穿过一小块土地才能到达下一个水域。这是不是很神奇？

水族箱圈养的会走路的鲶鱼
©ШаШатилло Г.В.

热带旱林

热带干燥的森林和林地出现在有明显旱季的热带地区。这些森林在非洲的东部和南部最为广泛，那里的林地大面积延伸。然而，在印度、中国部分地区和南美洲部分地区也发现热带旱林。热带旱林的植被相对开阔，通常由10～20米高的落叶乔木和草类下层木组成。由于经常发生火灾和树木砍伐，许多这样的林地已经变成了以草丛和灌木为主的热带草原。特别是在非洲，林地和热带草原是野生动物的主要栖息地，也为当地人们提供有价值的产品和服务，例如薪柴、蜂蜜、木材、野味、药品和牧草。

澳大利亚埃特纳火山
©Mark Marathon

焦点关注

亚热带旱林

亚热带旱林精确地出现在赤道地区以外，但它们可能与热带地区接壤。因为它们离赤道较远，所以这些地区有明显的季节性变化。尽管一年中的温度可能仅仅是稍有变化，但降水量可能分布不均，因此会出现雨季和旱季。亚热带旱林是地中海气候类型的天然植被，冬季温和湿润，夏季干燥。生活在这里的树种通常有小而坚韧的常绿叶子，植被范围从高大的开阔森林到稀疏的林地和灌木。然而，大部分历史悠久的地中海森林已经被砍伐，现在以灌木为主。此外，许多澳大利亚桉树种植区和智利的部分地区已被改造成种植园（人工林）——你可以在第73～74页找到更多关于人工林的信息。南非开普敦地区蕴藏着特别丰富的植物，包括许多特有物种。来自这些森林的重要非木材森林产品包括软木、蜂蜜和橄榄。

亚热带森林
©Geoff Gallice

热带旱林中的植物

金合欢

金合欢是热带旱林生物群落中的重要树种，分布在非洲和美洲。金合欢长有又长又尖的刺，可以阻止许多食草动物（但长颈鹿除外！）吃掉它们的叶子。如果尖刺不够厉害，还有另一种防御形式——空心的刺也是蚂蚁群的家园，它们会攻击靠近植物的任何东西。这种关系被称为共生关系，因为蚂蚁和金合欢都从中受益——植物获得防御，蚂蚁获得食物（它们吃金合欢产生的丰富花蜜）。

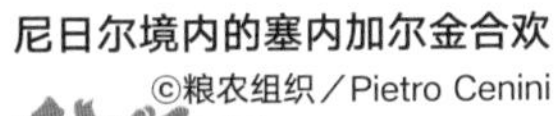

尼日尔境内的塞内加尔金合欢

©粮农组织／Pietro Cenini

文化故事

猴面包树

很久很久以前，第一棵猴面包树在一个小湖边悄然发芽。随着它越长越高，它凝视着湖面。它看到了许多其他类型的树——它对火焰树五颜六色的花朵、棕榈树纤细优美的树干以及无花果树丰满硕大的果实和叶子感到惊讶。

有一天，风静了下来，湖面上的水像镜子一样光滑，终于让猴面包树看到了自己。倒影的画面让它震惊到连根毛都在颤抖！它自己的花是暗淡的，叶子很小，树干和四肢非常肥大。猴面包树大声地向地球的创造者抱怨它被给予的不公平待遇。众神却无视它的哀鸣。日复一日，猴面包树越来越嫉妒其他所有树木的美丽。出于嫉妒，它开始破坏其他树木。这种行为激怒了众神，于是他们把猴面包树连根拔起，重新倒栽于地面，这样它就不能再动了。

从此以后，猴面包树就一直生活在这种颠倒的位置上。它继续通过为人们做好事来为它古老的罪过赎罪。

非洲传说

猴面包树（*Adansonia digitata*）是非洲的一种古树，由于其独特的形状，经常被称为“倒立树”。非洲传说中的猴面包树没有意识到它独特的形状对于生活在那种环境中的重要性。猴面包树的特殊形状有什么好处呢？

©Frank Vassen

适应旱季

生活在热带旱林中的植物必须能在漫长又干燥的季节中存活。因此，他们需要有特殊的适应能力。让我们来了解一些：

:: **落叶性**——大多数植物在旱季落叶。这样它们就不会因为光合作用而失去水分。

:: **感夜性**——这个听起来很奇妙的适应过程是指植物在夜间（当它们不能进行光合作用时）合上叶子，以减少暴露在空气中的叶子表面积。在蒸腾作用中，叶子通过其底部的小孔（称为气孔）散发水分。把它们卷起来，这样就可以减少水分损失。

:: **蓄水**——一些植物在雨季将水储存在膨大的根或茎中，以备在漫长的旱季使用。

:: **蜡质叶子**——许多植物的叶子上都有一层厚厚的蜡质层，这样水分就不会流失。想象一下，试着把水倒在一片保鲜膜上，你就明白了！

:: **绿色树干**——当植物的叶子掉落并停止光合作用时，它们就不能制造生长所需的营养物质。这意味着许多植物在旱季不能生长。然而，一些植物有可以进行光合作用的绿色树干，因此它们即使在失去叶子后也能继续生长。

热带旱林中的动物

长颈鹿

长颈鹿是世界上最高的哺乳动物，可以长到5.5米高。它们主要以金合欢的花蕾为食，甚至不会被它们锋利的刺吓到。长颈鹿能用它长长的脖子和巨大的舌头伸到树顶最多汁的树枝上。长颈鹿也有特殊的适应能力来应对干燥的环境。例如，他们不需要经常喝水（每隔几天才喝一次），因为他们从所吃的植物中获得了所需的大部分水分。

长颈鹿以某些树叶为食，赞比亚
©Geoff Gallice

你知道吗

在拉丁语中，长颈鹿被称为*Giraffa camelopardalis*，因为当它被希腊人和罗马人发现时，他们认为它看起来像是骆驼和豹子的杂交品种。它背上的肿块让他们想起了骆驼，毛皮上的图案让他们想起了豹子！

鹊鸦

热带旱林有两个截然不同的季节——雨季和旱季。雨季食物丰富，但旱季可能没有足够的食物供动物生存。作为季节性食物短缺问题的一种解决方案，鹊鸦会把它们在雨季找到的食物储存起来，以便在旱季食物较少时食用。但他们又是如何再次找到食物的呢？好吧，这些鹊鸦有惊人的记忆力！他们记得他们几个月前储存的食物的藏身之处。

哥斯达黎加尼科亚半岛卡布亚的白喉鹊鸦
©Hans Hillewaert

温带森林

温带森林生长在南北半球的热带和极地之间。这里四季分明，气候温和。温带森林包括属于三个主要类别的混合树木：

:: 秋天落叶的落叶性树木（如枫树、橡树和山毛榉）；

:: 叶子如针状的针叶树，其种子在球果中发育，也称为常青树，因为它们一直是绿色的（如松树、冷杉和雪松）；

:: 叶子平坦如皮革般坚韧的常绿阔叶树，它们的叶子在冬天不脱落（如橄榄树、冬青树和桉树）。

俄罗斯的温带森林
©粮农组织／Vasily Maksimov

温带森林的树木

粗皮山核桃树

粗皮山核桃树是一种高大的树木，可以长到30米高。它奇怪名字的灵感来自于它的树皮，这种树皮可以剥离成长条，使之看起来十分的“粗糙蓬松”。粗皮山核桃是一种落叶性树木，冬天落叶。右边的图片显示了冬天的几个月里没有一片叶子的树木是什么样子。

美国新泽西州的粗皮山核桃树（*Carya ovata*）
©John B

核桃树

核桃树生长在世界各地的温带森林中。这种树是家喻户晓的，因为它们生产人类爱吃的美味核桃。核桃树制成的木材也常被用来做家具。一棵平常的核桃树可以长到20米高。

树上的核桃
©The supermat（维基百科用户名）

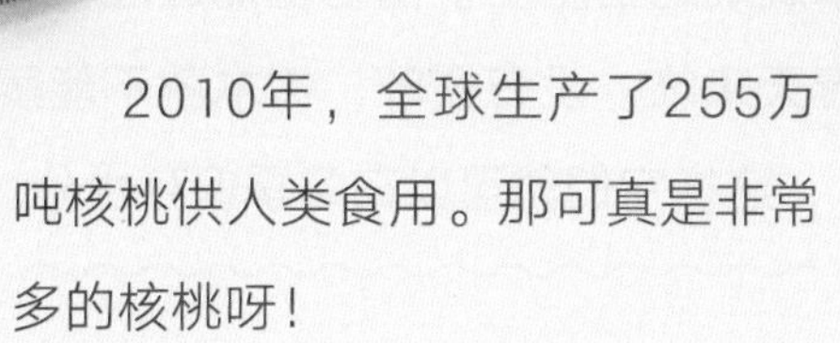

你知道吗

2010年，全球生产了255万吨核桃供人类食用。那可真是非常多的核桃呀！

焦点关注

认识树木

当你见到一片树叶时，你是否会想知道这是哪种树的树叶？现在让我们来学习一些典型温带森林树种的相关知识，认识它们的叶子和果实（或种子）！

温带森林的生物多样性

温带森林通常由阔叶树种组成，如橡树、枫树、山毛榉和榆树。许多常见的动物也生活在温带森林中，如狐狸、鹿和野猪，以及大型猛禽如红尾鹰。这些动物有独特的季节适应能力。例如，鹿可以在春季和夏季储存脂肪，在食物稀少的寒冷冬季燃烧这些脂肪。植物也能适应季节变化，例如，落叶树在秋天落叶，维持无叶状态直到第二年春天来临。没有树叶，树木就不能蒸腾水分（就像我们在第49页的热带旱林中提到的感夜性卷曲），这样它们就可以在冬季保存水分。

橡树和瘿蜂

英国赫特福德郡的一棵老橡树
©Anemone Projectors

一些落叶性树木，如大型橡树，与我们几乎看不见的小昆虫有一种有趣的关系。例如，瘿蜂在橡树花中产卵。这对橡树来讲并不好，因为它会引发橡树芽的变化——芽不能长成橡子，而是长成一个瘤子，里面的幼虫以橡树木为食！瘤子在秋天脱落，第二年春天，在地面上休眠了整个冬天的瘤子中会冒出来一只成年的瘿蜂。然后，这个循环又开始了。没有橡树，瘿蜂就无法生存。

马鹿

马鹿是鹿科中体型最大的物种之一。在繁殖季节，雄鹿（称为牡鹿）保护着成群的母鹿（称为牝鹿）。雄鹿互相争斗，胜利者有权控制母鹿。然而，打斗是非常危险的，可能会导致受伤或死亡。因此，雄鹿有一个聪明的方法，可以在战斗前打量他们的竞争对手，并衡量获胜的可能性：咆哮。吼声最大的雄鹿通常是最强壮的，也是最有可能在战斗中获胜的。这种咆哮是非常响亮的，声音能在森林中传播很长一段距离。

英国伦敦里士满公园的一只马鹿
©Smudge 9000

黄褐色的多汁乳菇
©Amadej Trnkoczy

多汁乳菇

多汁乳菇，或在日本被称为奇奇塔克（Chichitake）菇，是一种在北美洲、欧洲和亚洲都能找到的食用菌。在亚洲，它是用于砂锅菜和酱汁的最受欢迎的蘑菇之一。蘑菇既不是植物，也不是动物，它们是真菌。真菌通过分解（破裂）其他生物来生产食物，比如死去的动植物。它们在任何食物网中都是非常重要的一部分，因为它们可以防止废物在森林覆被上堆积。它们非常快乐地生活在黑暗潮湿的森林覆被上，因为它们不需要阳光就能生长。

糖浆般甜蜜的森林

很久以前，北美东北部的原住民发现了一种方法，可以从温带森林的树液中生产出非常甜的黏性的食物。在冬末春初，当夜间气温降至冰点以下，白天气温升至冰点以上时，原住民会收集枫树的汁液。他们通过浓缩糖水制造出枫树糖浆和枫树黄油。制造枫树产品对生活在这一地区的人们来说仍然很重要。许多人会在可以开采汁液的时候庆祝“采糖期”的到来。人们在一个“枫糖小屋”里庆祝漫长寒冬的结束，有许多传统的舞蹈和音乐，还有煎饼、烤豆和浸透枫糖浆香肠的盛宴。

加拿大魁北克省的枫糖浆
©Miguel Andrade

加拿大魁北克省处于“采糖期”的枫树
©Christine Gibb

北方针叶林

北方针叶林以Boreas命名，是希腊神话中掌管寒冷北风和冬天的神。这是因为北方针叶林分布在高纬度地区，只有在气候寒冷的北半球才存在。北方针叶林是世界上最大的陆地生态系统，覆盖了阿拉斯加、加拿大、斯堪的纳维亚、俄罗斯、哈萨克斯坦、蒙古国和日本的部分地区。这些森林是世界上商业软木的主要产地。云杉和冷杉树在北美、北欧和西伯利亚的森林中占据主导地位，而落叶松在西伯利亚中部和东部的森林中非常常见。这种森林的树冠覆盖率通常很低，下层木是灌木、茂密的植被、苔藓或地衣。在这些森林中，生物多样性很低（只有几个物种），但是在这里发现的物种在其他地方是找不到的（也就是说，地方性很强）。这些森林中的湿地具有重要的生态性功能，因为它们是许多水禽（会游泳的鸟类，如鸭子和鹅）和滨鸟繁殖的栖息地。

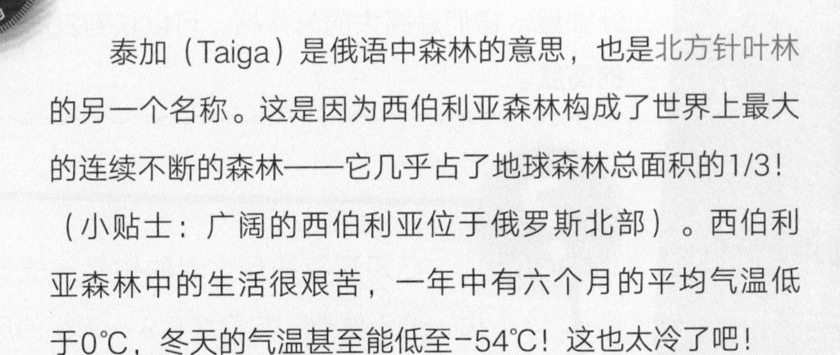

你知道吗

泰加（Taiga）是俄语中森林的意思，也是北方针叶林的另一个名称。这是因为西伯利亚森林构成了世界上最大的连续不断的森林——它几乎占了地球森林总面积的1/3！（小贴士：广阔的西伯利亚位于俄罗斯北部）。西伯利亚森林中的生活很艰苦，一年中有六个月的平均气温低于0℃，冬天的气温甚至能低至−54℃！这也太冷了吧！

西伯利亚森林的风景
©Svetlana Ivanova

北方针叶林中的植物

落叶松

西伯利亚落叶松是世界上最耐寒的树木。它可以忍受-70℃（-94℉）的温度，这是很必要的，因为它生长在西伯利亚的永冻层上（永冻层是指一年四季都处在冰点以下的土壤）！落叶松是世界上分布最广的裸子植物（胚珠外面没有子房壁包被，不形成果皮）之一——它比其他所有树木都更靠北。像其他针叶树一样，它是圆锥形的，这样落在树上的雪就会滑落，而不是堆积在树枝上。这一点很重要，因为积雪的重量会折断它的树枝。

蒙古国阿尔坦苏木伯森林中的落叶松
©粮农组织／Sean Gallagher

云杉树
©Jarek Tuszynski

云杉

已知的云杉树有35种，它们大多生活在北方针叶林里。它们是高大的常青树，可以长到20～60米的高度。

你知道吗

已知现存的最古老的树是一棵云杉树，位于瑞典。它已经有9 550年的历史了！是不是很不可思议？

冷杉

冷杉是生活在北方针叶林中的松柏科常青树。大约有50种冷杉树种，其中一些作为圣诞树很受欢迎。这些不同的物种可长至10～80米高不等。

苏格兰皮特梅登花园的一棵高大的冷杉树

如何区分云杉和冷杉

云杉和冷杉生长在相似的地方，它们都是松柏科常青树，所以区分它们可能有点困难。这里有三条线索可以帮助你区分：

1. **针叶**——云杉的针叶又硬又方，所以可以在你的手指间卷起来。然而，冷杉的针叶又平又软，所以不太容易卷起来。一些科学家用“冷杉是友好的”这句话来帮助识别针叶树——这是因为冷杉通常有圆形的针叶，所以当你触摸时它们不会“戳”你！
2. **树枝**——云杉的树枝在针叶脱落后是粗糙的，而冷杉树的树枝是光滑的。
3. **球果**——云杉的球果比冷杉树的球果更具弹性，因为云杉球果的鳞片要薄得多，冷杉的球果通常会在树枝上挺立起来。

瓶子草

由于寒冷的天气和针叶树脱落的酸性针叶，北方针叶林的土壤与更南边的温带森林相比，土壤薄而缺乏营养。因此，一些狡猾的小植物找到了从其他来源获取营养的方法。这些植物被称为瓶子草，它们是肉食性的！在短暂的夏天，北方针叶林里有很多昆虫。许多候鸟会顺道来觅食——据估计，在夏季美国和加拿大60%以上的鸟类会在北方针叶林上筑巢。像鸟类一样，瓶子草整个夏天都享受昆虫盛宴。这些植物用诱人的颜色和气味引诱昆虫进入喇叭形状的花朵。一旦进入，昆虫就会在光滑、蜡质的侧壁失去立足之地。有些物种的花蜜中含有一种药物，使得昆虫更不能保持平衡（真狡猾呀！）。一旦昆虫掉进去，向下的毛刺会阻止它爬出去，所以昆虫会被植物慢慢地消化掉，就像是喝了一种昆虫汤。好吃！

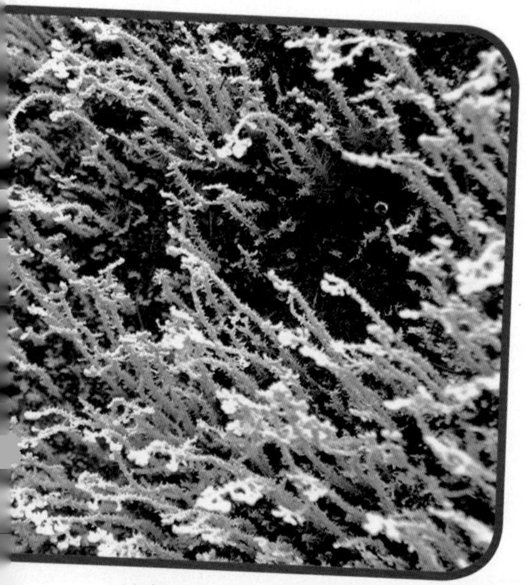

地衣

藻类、真菌和驯鹿

地衣是由真菌和进行光合作用的生物（通常是藻类）组成的复合生物体，两者是共生关系。在共生关系中，两个生物体都受益，没有对方就无法生存。地衣的作用是这样的：真菌供藻类附着，并提供水分和矿物质，藻类则通过阳光可以合成糖类供应给真菌。这种成功的伙伴关系使得地衣能够在世界上一些最极端的环境中生存，包括被称为贫瘠冻土带的北方针叶林以北地区。在这里，地衣对冬季成群的驯鹿来讲是必需品。

北美驯鹿也是其他物种的主食，其中包括狼、貂熊、熊甚至人类。放牧驯鹿是生活在斯堪的纳维亚半岛的原住民萨米人的生活方式：无论驯鹿走到哪里，他们会跟随着、养护着驯鹿，帮助它们产下幼崽，并用它们的肉做食物，用它们的毛皮做衣服。现在你看到了地衣和藻类是如何支撑着整个食物网的吗？

生活在北方针叶林中的驯鹿

北方针叶林中的植物

北方针叶林为许多种动物提供了栖息地。例如，加拿大的北方针叶林中栖息着85种哺乳动物、130种鱼类和大约32 000种昆虫。

昆虫和鸟类

正如人们所知，昆虫是食物网的重要组成部分：它们扮演着传粉者和分解者的重要角色，为许多筑巢的鸟类提供了关键的食物来源。这就是为什么许多鸟类物种的繁殖季节与昆虫多发季重合，这确保了有大量美味且富含蛋白质的虫子来满足成长中的雏鸟饥饿的肠胃。北方针叶林也是大型食草性哺乳动物的家园，比如驼鹿和我们刚刚了解到的驯鹿。

貂熊

北方针叶林是附近最贪婪的动物——貂熊的家园。貂熊是最大的鼬科动物，是一种食肉动物，以其他哺乳动物为食，如兔子和啮齿动物，甚至是像驯鹿这样更大的动物。据说貂熊一次的进食量比其他任何动物都多，这就是它的绰号“贪吃鬼”的由来。

貂熊
©美国鱼类及野生动植物管理局／Steve Hillebrand

林蛙

林蛙是生活在北方针叶林的一种两栖动物。两栖动物需要水才能在陆地上生活，所以你可能会想，当所有的水都冻成冰和雪一样的固体时，林蛙是如何在寒冷的北方冬季中生存下来的呢？嗯，其实这只小动物也冻僵啦！木蛙就在表层土壤的下面冬眠。在冬眠时，它的肝脏将蛙体的能量转换为糖类的形式存储起来，这些糖类能被运送给蛙体内的所有细胞。蛙体还可以在细胞内储存尿素——它通常是尿液的主要成分。这种糖和尿素的混合物限制了蛙体的冻结。只要至少有65%的蛙体维持着未冻结的状态，它就可以在雪下度过寒冬！

林蛙
©Brian Gratwicke

北方乌鸦民俗

乌鸦
©Michel Juteau

乌鸦是在北方针叶林中发现的。它被认为是最聪明的鸟类之一，在许多不同文化的民间传说中都很有特色。在某些文化中，乌鸦被尊为神明。例如，在俄罗斯远东地区，乌鸦神Kutkh被认为是创造勘察加半岛的功臣，该地区是由他丢失的一根羽毛形成的；当他排泄的时候，便把其他各种岛屿和河流“掉落”到了大地上！在其他文化中，有神话解释乌鸦是如何给予人类光、语言、火、水和编网等技能的。你知道这些故事中的任何一个吗？

海狸

海狸对周围环境的影响仅次于人类。它们用来啃断和砍伐树木的坚固又锋利的牙齿从未停止生长。（事实上，它们需要不停地啃咬避免牙齿过长而不舒服！）它们利用树枝和泥浆建造堤坝阻挡河流——把森林和田野变成它们游泳的湖泊和池塘。海狸摄食水生植物，也吃它们砍伐的树叶和树皮。在它们的水坝里，海狸建造一个洞穴为家，有一个足够深的水下入口，可以在寒冷的北方冬季避免冻结。它们长着又大又平的尾巴，就像舵一样用来游泳，或者大声拍打水面，警告其他海狸有危险即将到来。但最酷的是：海狸有着透明的眼睑，可以像护目镜一样用来在水下观察，这可真有用！

在加拿大渥太华市，海狸正在建造水坝
©Mark Round

雪鸮

雪鸮是世界上最大的猫头鹰之一，它在北半球高纬度的北方针叶林中生活和繁殖。雪鸮最喜欢的食物是旅鼠（小型啮齿动物）——一只成年的雪鸮一年可以吃掉1 600只旅鼠。由于这类猫头鹰常年生活在北方针叶林中，它们有许多特殊的适应能力。雪鸮的羽毛可以随着季节的变化而变化，所以它总是能伪装起来——在冬季，它们像雪一样白，而在春天，当冰雪消融时，它们会长出新的棕色羽毛，以便与周围的环境融为一体。它们也有极厚的羽毛以便在冬季时保暖，甚至连脚上的羽毛也是蓬松的！

在加拿大魁北克省，一只长着冬季羽毛的雪鸮

©Michel Juteau

红树林

红树林是热带和亚热带海边泥滩和河岸常见的景观。一些面积较大的红树林分布在印度尼西亚、巴西以及印度和孟加拉国的孙德尔本斯地区。红树林是高产的生态系统。

泰国莱利东海滩落潮时的红树林
©Christine Gibb

例如，它们是许多海洋鱼类和贝类的重要繁殖、育苗和觅食场所，因为它们的树根可以很好地保护这些物种免受捕食者的侵害。当地人经常将这种树木用作建筑材料、捕鱼器、薪材和木炭等。因此，红树林对生物多样性和人类发展都非常重要。红树林对于海岸保护也是极其重要的。它们茂密的根系阻挡着从河流和陆地上流下来的沉积物，这有助于稳固海岸线，防止海浪和风暴的侵蚀。在红树林被清除的地区，飓风和台风对海岸的破坏要严重得多。通过过滤沉积物，红树林还能保护珊瑚礁和海草草甸不被沉积物覆盖。然而，近几十年来，世界上有很大一部分红树林被清除掉，用于农业、盐塘或水产养殖。联合国粮农组织估计，1980—2005年，世界上有20%的红树林已经消失了。

资料来源：粮农组织，“世界红树林”（1980—2005）。

红树林中的树木

红树林中几乎没有其他的植物物种，因为在这样一个盐碱地生存需要非常特殊的适应能力。然而，能够在这种环境中生存的植物却有一些非常独特的令人惊叹的特征。

应对盐分

每当潮水来临时，咸水就会淹没红树林生长的泥滩。这可能会使植物细胞失水，从而使其脱水并损害植物。大自然很有创意，不同的耐盐植物（称为盐生植物）进化出了各种各样令人难以置信的方式来应对这一挑战。有些物种，如灰色红树林，可以利用它们的叶子分泌（释放）盐分！如果你有机会的话，看看它们叶子的背面：你会看到小小的盐晶！其他物种可以将多余的盐分储存在它们最老的叶子中，一旦存满便从植物上掉下来。这是一个巧妙的废物处理系统！

树根

由于红树林生长在潮汐地带，它们需要非常坚固，才能承受每天的水流。因此，它们往往有细长的气生根（也被称为呼吸根）或粗壮的支柱根，支柱跟从地下延伸很长一段距离，帮助植物在柔软的泥土中支撑起来。这些特殊的呼吸根也是很有用的，这样植物才能从周围的空气中吸收氧气。这是因为潮汐地带的土壤含氧量不高，是“厌氧”的。

孟加拉国孙德尔本斯红树林里倾斜生长的树根（呼吸根）

©粮农组织／G.Grepin

红树林里的动物

红树林是许多鱼类和其他物种的家园，这些动物藏匿在巨大的根部中，特别是在它们处于幼体阶段时。请继续阅读以了解更多信息。

红树林蟹

为了躲避捕食者，红树林蟹有两种选择：它们可以在土壤中挖洞或者爬上树木。你见过螃蟹爬树吗？这些螃蟹对整个红树林生态系统非常重要。作为食物网的一部分，成年螃蟹能被许多不同的捕食者摄食，比如蟹鸻鸟；幼蟹被幼鱼吃掉，螃蟹粪便则被其他生物体吃掉。这还不是全部！当螃蟹钻进地下时，会将空气带进地下，使得植物更容易生长（记得么，红树林泥滩里的氧气不多）。没有这些小螃蟹，红树林将会是一个完全不同的地方！这使得红树林蟹成为了这里的关键物种。

想一想

红树林蟹被称为关键物种，因为如果你把它们带走，生态系统就不能再以同样的方式运作了。就像拱门上的基石，它们将生态系统维系在一起。

你所在地区栖息着哪些关键物种?

哥斯达黎加克波斯附近红树林中的红树林蟹
©Charlesjsharp

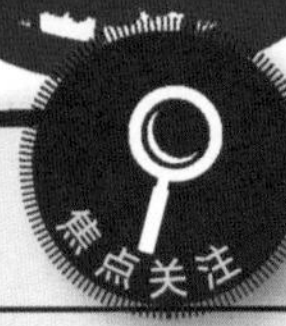

红树林食物网

白头海雕是红树林食物网中的顶级捕食者之一，以鱼类和其他小型猎物为食。它们也是腐食动物，如果能找到像鹿这样的大型死猎物，它们会吃掉死物。

琵鹭是以昆虫、甲壳类动物（如虾）和小型鱼类（如幼小的鲷鱼）为食的鸟类。这只鸟的进食方式是把它的嘴从一边扫到另一边，直到它感觉到有什么东西接触到它的嘴巴内侧，然后啪的一声合上嘴巴，吃掉里面的所有东西。显然琵鹭不是个挑剔的食客！

蠵龟不是红树林的永久居民；它们一生中的大部分时间都在开阔的海洋中度过。然而，小海龟在远离捕食者的红树林“托儿所”度过了它们生命中短暂但至关重要的时光。蠵龟摄食小的海洋动物，如螃蟹、海胆和软体动物（如蜗牛）以及一些海草。

红树林食物网。箭头显示了从太阳到红树林、从食草动物到食肉动物的能量流动。当每种植物或动物死亡时，它的身体被螃蟹、小鱼、真菌、细菌、藻类和其他分解者分解时，营养和能量就会回到红树林生态系统

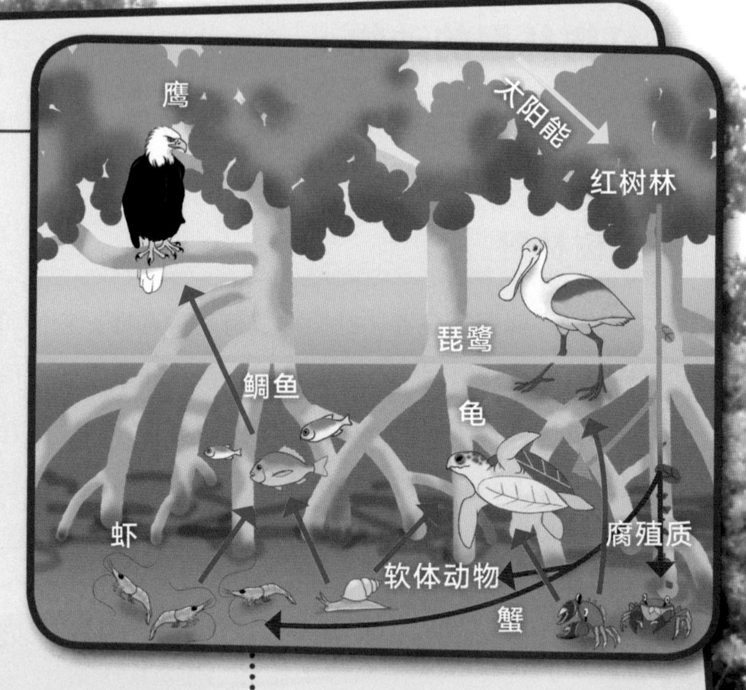

鲷鱼幼鱼是在红树林中隐藏生长的众多幼鱼中的一种。鲷鱼以螃蟹、虾和其他软体动物为食。

虾为许多生活在红树林中的大型物种提供食物。

红树林蟹（和它们的粪便）是大大小小捕食者的食物。正如我们讲过的，当它们在土壤中挖洞时，还能给土壤充气来帮助植物生长。

红树林是食物网的基础。通过一个称为光合作用的过程，它们将阳光转化为糖类，滋养树木本身——以及以树木为食的动物。当叶子脱落时，可以为螃蟹、虾和分解者提供食物。

孙德尔本斯红树林中的生活

在印度和孟加拉国的孟加拉湾，孙德尔本斯红树林构成了14万公顷的森林。这是世界上面积最大的红树林之一，因其作为栖息地的重要性而被列为世界遗产。

资料来源：http：//whc.unesco.org/en/list/798。

生活在那里的哺乳动物包括濒危的孟加拉虎：据估计，有350只孟加拉虎生活在孙德尔本斯地区。听起来可能并不是很多，但总比没有好得多！孙德尔本斯地区也是大约50种爬行动物和8种两栖动物物种的家园，更不用说占据它们水道网络的所有鱼类了。

尽管孙德尔本斯地区有了许多不同的动物，但一些物种已经完全由于人类活动而灭绝，还有许多其他物种，如孟加拉虎，目前正面临灭绝的威胁。自21世纪初以来，至少有五种令人惊叹的物种（爪哇犀牛、亚洲水牛、南美泽鹿、白肢野牛，可能还有豚鹿）都在孙德尔本斯栖息地中灭绝了。

（美国）国家航空与航天局开发的World Wind软件截图中展现的孟加拉国恒河三角洲。深绿色区域显示了红树林

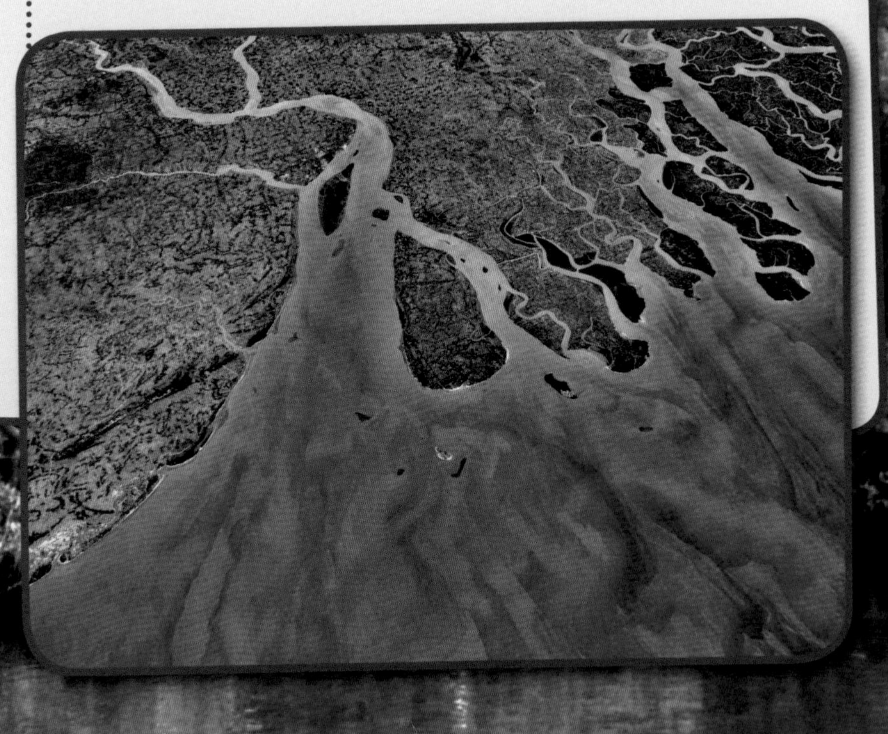

山地森林

山地森林因所处纬度的不同而有很大差异（无论它们生长在热带、亚热带还是温带地区，请参阅第21～23页以唤醒你的记忆）。其独特的森林植被在结构和物种组成上与周围的低地植被不同，植被类型随海拔的升高而逐渐变化。热带地区的高山，如南美洲的安第斯山脉和亚洲的喜马拉雅山脉，根据海拔和气候条件的不同，拥有一系列的森林类型。在干旱地区，如中东地区，天然林通常仅限于山区。总体而言，山地森林维持着非常多样化的栖息地，对于供水、流域保护和水土保持至关重要。

山地森林，蒙特韦尔德，加勒比地区
©Geoff Gallice

喜马拉雅山脉

喜马拉雅山是世界最高峰珠穆朗玛峰的所在地。它的名字来源于梵语，意为“雪的故乡”，这并不奇怪，因为它的最高峰终年被积雪覆盖。然而，喜马拉雅山脉在不同的海拔上也有许多不同的森林生态系统。我们来看看吧！

热带和亚热带阔叶林（500～1 000米）：

有340多种鸟类生活在喜马拉雅山脉较低处斜坡的森林中，还有老虎和亚洲象。

温带阔叶林和混交林（2 000～3 000米）：

在这些森林里，你可以找到叶猴以及兰花和蕨类植物。

温带针叶林（2 500～4 200米）：

在这里你可以找到云杉、冷杉和松树。在树丛中，你可以看到小熊猫和麝鹿。

山地草原和灌木丛（3 000～5 000米）：

在这个海拔，生存条件对树木来说太苛刻了。然而，你会发现有灌木存在，如杜鹃花。这些生态系统也是世界上最难以捉摸、最美丽的大型猫科动物之一——雪豹的家园。

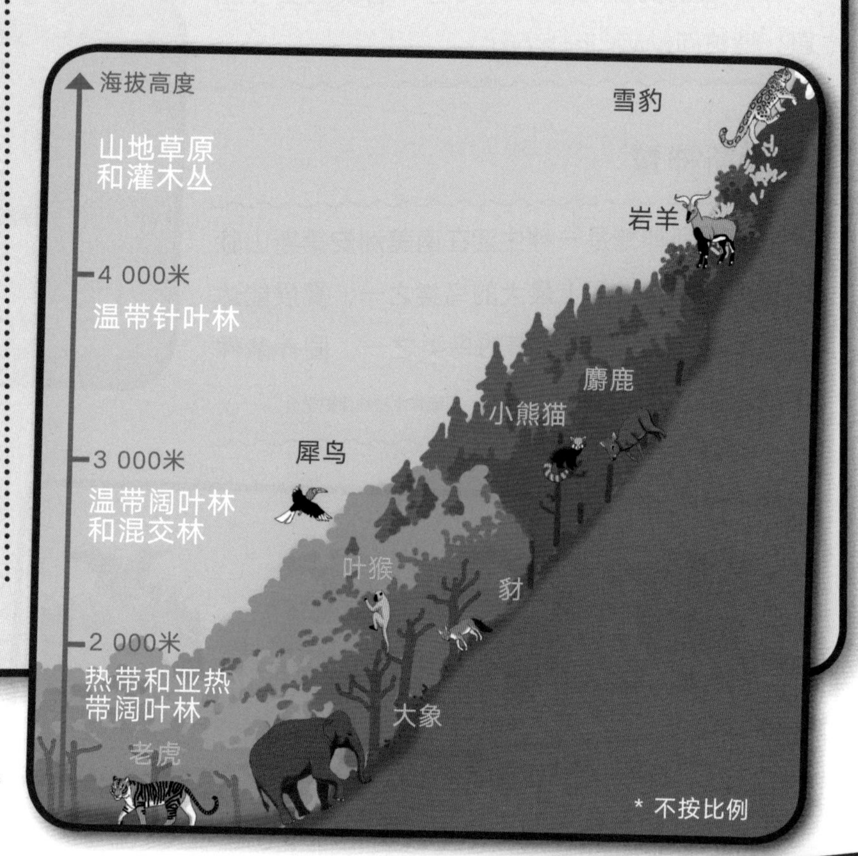

山林中的动物

山地大猩猩

山地大猩猩（*Gorilla beringei*）生活在海拔2 200～4 300米的热带山地森林中。由于非法狩猎、人类迁徙到大猩猩居住的陆地上、栖息地丧失和疾病困扰，山地大猩猩目前是濒危物种。这种雄伟的生物现在只剩下大约880只了。保护行动，如国际大猩猩保护计划，旨在保护这些类人猿和它们的栖息地。有关这一倡议的更多信息，请访问www.igcp.org。

雄性山地大猩猩
©粮农组织／Steve Terrill

安第斯神鹫

安第斯神鹫是一种生活在南美洲安第斯山脉的猛禽。它是世界上最大的鸟类之一，翼展能达到3.2米！它也是最长寿的鸟类之一，圈养条件下能活到70岁左右。资料来源：国际野生生物保护学会。

一只安第斯神鹫在秘鲁科尔卡峡谷上空翱翔
©Geoff Gallice

智利、厄瓜多尔、哥伦比亚和玻利维亚的纹章（从左到右）

安第斯神鹫在许多南美文化中是一个非常重要的文化象征，在许多国家的盾徽上都可以找到它。你能在这些纹章上认出它吗？

人工森林种植园

人工林是人类种植的森林。它们可以出现在世界的任何地方，也可以由任何树木种类组成。人工林通常是在大片土地上单一栽培特定的树种。

果园通常不被归类为人工林，因为它们的种植规模通常较小，而且其中的树木通常比符合标准树木和森林定义的树木要小。人工林是越来越重要的工业木材来源，可以减少从天然林中砍伐木材。人工林还提供薪材和建筑材料供当地使用。种植森林通常是以保护环境为目的，如水土保持，因为树根有助于将土壤保持在原位并防止它在下雨（侵蚀）时被冲走。世界上人工林覆盖的面积正在增加，预计这一趋势将持续下去。

乌干达的橡胶种植园
©粮农组织／Roberto Faidutti

背景图片
毛伊岛的桉树
©Forest & Kim Starr

人工林的植物

世界各地有许多不同类型的人工林。举几个例子：

- 松树种植园（提供木材）
- 冷杉种植园（提供木材）
- 柚木种植园（提供木材）
- 香蕉种植园
- 咖啡种植园
- 油棕种植园

从上至下：

刚果民主共和国内的一颗橡胶树
©粮农组织／Guilio Napolitano

各种类型的迪吉里杜管
©Nick Carson

橡胶树

当你想到橡胶制成的产品时，你也会想到大自然吗？很可能并不会。但事实上，有相当多的天然橡胶是从植物中提取的。橡胶树（*Hevea brasiliensis*）是最常用的生产橡胶的植物。它最初生长在亚马孙雨林，但如今在热带各地的人工林里也很常见。

软木种植园

软木是来自常青树的木材。常青树种植园在温带和北方生物群落中非常常见，因为树木生长迅速，提供了源源不断的廉价木材。

桉树种植园

桉树最初来自澳大利亚，但现在世界各地都有种植，被用作木材、薪材、纸浆和装饰品。桉树的木材甚至被用来制作澳大利亚传统的原始乐器——迪吉里杜管（Didgeridoo）。这些树非常适合人工种植，因为当它们从底部被砍倒后，可以重新长出来。

椰子树种植园

椰子树种植园遍布全球80个国家，大多位于潮湿、温暖的气候中。每年生产的椰子超过6 100万吨！椰子树长得很高，所以在许多国家，农民需要爬树采摘椰子。在其他国家，如泰国和马来西亚，人们训练南方豚尾猕猴爬上椰子树摘取椰子后扔给在下面等待的人！

结论

了解到世界上不同地区发现的森林类型之间的巨大差异是相当令人惊讶的，对吗？从热带雨林及其中的肉食性植物到饱含咸水的红树林，大量的生物多样性存在于在森林栖息地。最令人难以置信的事情之一是这些不同的物种如何在森林生态系统中相互作用，创造出食物网、共生关系以及更多的生态奇迹。在下一章节中，我们将探索森林生态系统是如何为人类带来诸多益处的。

部分 C

友好的森林

4 森林的重要性　5 森林、文化和休闲

森林为我们的生活提供了美丽和活力，哥斯达黎加
©Alvaro Vega Cubero

森林的重要性

4

让我们来探索一下森林到底给地球上的生命带来了多少好处，尤其是对我们人类来说！

你可能会惊讶地发现，世界上有如此多的地方依赖树木和森林来满足他们的医疗、营养、住所和生计需求，更不用说它们带来的精神福祉了。试着想一下你所使用的所有来自树木和森林的东西。

“没有少年的民族将面临没有希望的未来；没有树木的国家几乎同样无助。”

西奥多·罗斯福（1858—1919）
第26任美国总统

想想每天使用的五种来自树木和森林的东西有什么？

森林对地球上所有生命都是无价之宝

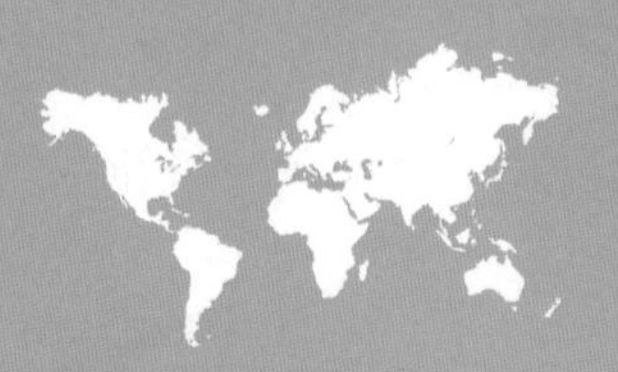

森林覆盖了陆地面积的1/3

森林展现了世界上最广泛的陆生生物多样性

1.6
billion people

1.6亿人口依赖森林来维持生计

US$108
billion a year

美国一年花费108亿美元在热带种植药用植物

森林砍伐的速度虽然在减缓，但仍然高得令人担忧

每年有520万公顷的森林在流失，相当于每秒一个足球场的大小

森林的可持续化未来

必须可持续地管理森林以帮助扭转土地退化和砍伐森林的影响

广泛的森林恢复和造林显著减少了森林面积的净损失

需要合理的政策来确保森林的未来

©粮农组织统计数据库

即使你从未踏足森林，你仍然在许多事情上紧密依赖着森林。森林是清洁空气、水、能源、木材和非木质林产品（NWEPs）的来源，如食品和药品。我们从森林生态系统中获得的益处被称为生态系统产品和服务。

森林为我们做的只有这么几件事：

- 森林提供材料（如用于建造建筑物和家具的木材，或用作燃料生产能源）以及人类的食物和动物的饲料。
- 森林为各种动植物提供栖息地，有助于维护生物多样性。
- 森林通过过滤污染物来保护淡水质量。
- 森林防止土壤被冲走或磨平（侵蚀）。
- 红树林支撑着沿海生态系统，保护海岸线免受海浪和风暴的侵蚀。
- 森林吸收大气中的温室气体二氧化碳，并通过光合作用产生氧气。这让我们呼吸到干净的空气，同时有助于减轻气候变化的负面影响。
- 森林提供就业机会，维持林业部门工作人员及其家人的生计。
- 森林为人们提供了生活、娱乐和放松的场所。

让我们更仔细地看看这些生态系统产品和服务。

“森林吸收一氧化碳和二氧化碳，释放氧气。还有什么比这更有价值呢？而且这似乎很划算。”

Isaac Asimov（1920—1992）
美国作家和生物化学家

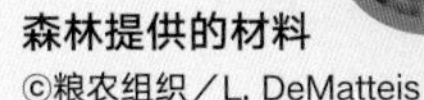

森林提供的材料
©粮农组织／L. DeMatteis

森林提供栖息地
©Geoff Gallice

森林提供的食物
©粮农组织／Ishara Kodikara

森林里的娱乐活动
©Geoff Gallice

森林中工作——一个男人在秘鲁热带雨林收集巴西坚果
©Geoff Gallice

生态系统服务

隐藏的帮助

世界之肺

你今天呼吸了，是不是？（当然，否则你就不可能在读这篇文章了。）这只是你今天所享受的众多森林服务中的第一个！没有森林，我们就无法呼吸。这是因为森林在光合作用的过程中吸收空气中的二氧化碳，并将氧气作为副产品释放回大气中。考虑到我们人类（和所有其他动物）所做的恰恰相反：我们需要吸入氧气和呼出二氧化碳，这一点就显得尤为重要。许多类型的树木也可以吸收空气中的污染物，就像巨大的空气过滤器一样。看到地球上的生活有多和谐了吗？

生命之水

除了空气，还有什么是我们生活中不可缺少的？你猜对了——是水。像所有生物一样，树木需要水才能生存。但你知道吗，树木和森林实际上确保了地球上所有其他的陆地生物都能获取它们生存所需的水。这是因为森林是流域的重要组成部分。流域是指所有水（在土壤中或从陆地上流过）最终流到同一地方的土地区域。在地面上，我们可以看到河流、溪流和其他水体，如池塘和湖泊（如果在地下则被称为地下水）。正如树木过滤我们呼吸的空气，使空气变得清洁和安全一样，树木和森林在过滤我们饮用的水源方面也扮演着重要的角色。

森林还有助于调节当地的天气系统，而天气系统会影响一个地区的降雨量和降雪量。雨雪遇到树木的树叶，起到缓冲作用，有助于调节雨雪被土壤吸收的速度，对洪水、雪崩、岩崩和侵蚀起到自然调控的作用。如果没有森林及其丰富的植被，世界上一些地区则更有可能发生沙漠化，这意味着陆地会干涸并变成沙漠。

缓冲气候的变化

正如我们之前发现的那样，树木通过光合作用吸收二氧化碳并释放氧气。除了过滤和净化空气，生产供我们呼吸的氧气外，还有另一个原因使这一过程与我们今天的生活密切相关。二氧化碳是一种温室气体，会导致地球变暖，加速全球气候变化。因此，当树木利用二氧化碳进行光合作用时，它们会从大气中去除二氧化碳，从而帮助减少气候变化。

树木实际上是一种碳汇，因为它们将二氧化碳的气体形式转化并储存为固体形式（木材）。有关气候变化及其对森林的影响的更多信息，请看第6章。

©青年与联合国全球联盟／Emily Donegan

"答案很简单。如果我们失去了世界上的森林，我们就输掉了与气候变化的斗争。热带雨林是我们地球最大的资源——我们星球的肺、恒温器和空调系统。"

Michael Somare（1936—）
1975—1980年、1982—1985年和2002—2011年担任巴布亚新几内亚总理

美国佛罗里达州阿巴拉契科拉国家森林的日出
©Geoff Gallice

控制温度

树木是天然的空调！它们通过蒸腾作用冷却周围的空气，利用太阳的能量使树叶中的水分蒸发。此外，它们提供的树荫可以冷却周围的空气和地面，这最终有助于降低地球的整体温度。在其他情况下，特别是在北方针叶林和寒冷气候的森林中，森林起到绝缘体的作用，阻挡强风，将温暖留存在森林植被中，造成当地的温室效应。这使得许多植物、动物、鸟类和昆虫得以生存。

授粉作用

授粉作用是健康森林生态系统的重要组成部分。虽然有些植物是自花授粉或风媒授粉，但许多树木需要传粉者的帮助才能结出果实和种子。全世界有超过10万种无脊椎动物（如蜜蜂、蛾子、蝴蝶、甲虫、苍蝇等）和超过1 000多种鸟类、哺乳动物和爬行动物可作为传粉者。反过来，这些传粉者依赖于各类栖息地（包括许多森林栖息地）的存在来觅食、繁殖和完成它们的生命周期。野生传粉者在辅助农业生产过程中起着至关重要的作用，而且它们通常是生活在农田旁天然森林栖息地中的物种。因此，下次当你享用美味佳肴时，你可以感谢鸟类、蜜蜂、昆虫和动物，以及养育它们的森林——是它们启动了食物生产周期！

蝴蝶是重要的传粉者，比如大蓝闪蝶
©Derkarts

天然虫害防治

红尾鹰是北美洲常见的天然害虫控制者
©Michel Juteau

据估计，99%可能破坏农作物的潜在害虫是由其天敌控制的，那些害虫天敌包括许多鸟类、蜘蛛、寄生蜂和苍蝇、瓢虫、真菌、细菌以及许多其他类型的生物。这些生物体通常生活在森林栖息地。这些天然害虫控制器通过保护农作物和减少对化学杀虫剂的需求，每年可以为农民节省数十亿美元。科学家们报告说，美国如果以化学杀虫剂取代天然虫害防治服务，每年将耗资约540亿美元。在哥斯达黎加，一个柑橘种植园每年需要向旁边提供自然虫害防治服务的森林保护区支付每公顷1美元的费用。看到森林有多有用了吗？

土地的演替规律

你所站在的这片土地很可能受到了森林的影响。一直以来，森林都扮演着重要的地质角色，特别是在土壤的形成过程中。空气和水会导致岩石的风化和侵蚀，使它们随着时间的推移而破碎。树木也会导致岩石风化，因为它们的根会生长在岩石上的小裂缝中，随着树木的生长使缝隙变宽，导致岩石磨损得更快。想想你附近的树木。你见过树底部周围的混凝土或柏油路面开裂吗？这就是风化。在自然界中，当时间足够长时，岩石最终会崩解并成为土壤。所以，正如你所看到的，树木确实对地球的创造做出了贡献！

意大利萨利纳，树木在岩石中生长引起的风化
©Heidi Soosalu

土壤质量

森林为土壤提供有机成分，在营养循环过程中起着至关重要的作用。所有的植物和其他生物都需要有机化合物来生长，所以如果没有森林帮助这些化合物循环，土壤的营养就不会那么丰富。它的工作原理是这样的：树叶、树皮和树枝掉落到森林覆被，分解者（真菌和细菌等微生物）将它们分解成小颗粒，组成土壤有机质（SOM）。富含SOM的土壤是很健康的，使植物和树木能够吸收生长所需的营养。当森林被砍伐时，土壤通常会退化，因为能提供有机质的植被减少了。

厄瓜多尔亚苏尼国家公园，真菌在分解森林地面上的树叶
©Geoff Gallice

文化和娱乐

现在是时候放大镜头，看看离家不远的树木和森林了。你最后一次造访森林是什么时候？你上一次路过附近一棵漂亮的树是什么时候？你有没有注意到树木似乎让一切变得更漂亮、更宁静？如果你这么觉得，那你并不是一个人。许多人觉得森林和树木很美，喜欢到他们最喜欢的徒步旅行小径和离家不远的公园去。事实上，户外活动是一个价值数十亿美元产业的基础。更重要的是，对于世界各地的许多人来说，森林是宗教仪式和精神信仰体系的重要组成部分。所有这一切都是在说，森林在许多人的生活中扮演着重要的角色，对一些人来讲，森林之所以重要，仅仅是因为它们的存在就是有意义的。你可以在第5章找到更多信息。

在美国加利福尼亚州峡谷溪湖的森林中徒步旅行
©Jeffrey Pang

生态系统服务付费

我们已经讨论了人们受益于森林的各种方式——清洁的空气和水源，气候调节等。所有这些对于人类以及其他生物的生存和福祉都是极其重要的，这些也都是无形的。换句话说，你无法手持空气，或者直接看着水从土壤中渗出变成为你村庄、城镇或城市供水的溪流。你可以拍一张你最喜欢的森林景色的照片，但照片和真实看到的东西是不一样的。这类无形的森林效益通常被称为“森林生态系统服务”。

请停下来想一想这件事。当有人花时间为你做某件事，比如辅导你的数学，你得到的知识不是你能拿在手里的东西，相反，他们给你的是一种服务。正如森林给我们带来无形的好处一样。我们很难为无形的好处定价（一个充满了森林制造的清洁空气的肺到底值多少钱？我们应该付钱给谁呢？毕竟森林不像你的数学老师一样是需要用钱的！）。如果没有价格，这些无形的收益的价值可能不如有实际价格的有形的森林收益（如木材）高。

这就是为什么人们提出了一个名为“生态系统服务付费”的概念：这个想法是为了鼓励人们通过赋予无形的环境效益以货币价值来保护它们。通常情况下，这种做法的基础是当地社区将有偿地去保护自然资源，而不是通过过度开采赚钱。（请看第171～172页，以便查看生态系统服务付费的国际范例：REDD+计划。）。

请与你的朋友和家人谈谈生态系统服务的付费问题。例如，你认为呼吸一口新鲜空气应该值多少钱？讨论一下你的想法——你认为这是一个好主意吗？给无形的资产定价可能有什么棘手之处？这个价格应该由谁来决定呢？

绿色的针叶林
©Petr Kratochvil

生态系统产品——慷慨的树木

木材林产品

当然，森林提供了许多非常重要的物质资源，以及我们之前讨论过的生态系统服务。一种常见的森林资源是木材。木材来自树木的木头部分，用于制造各种产品，如房屋和家具。你还能想到哪些是木头产品呢？想想你每天都会用到的东西，比如铅笔。你写字用的纸也是从树木而来的。从广义上讲，从木材中提取的森林产品被称为木质林产品。

彩色纸张
©Michael Maggs

“归根结底，文学不过是木工活罢了。在这两种情况下，你都在面对现实，一种和木头一样坚硬的材料。”

Gabriel García Márquez（1927—2014）
哥伦比亚小说家

彩色铅笔

哪种木头?

越南河内的一家家具店。你认为这些是硬木还是软木?
©粮农组织/Joan Manuel Baliellas

正如我们已经讨论过的,木头除了被用来生产木材外,还用于制造许多其他产品。但是哪种木头最适合做哪种产品呢?

木头主要有两种:硬木和软木。你会认为软木是软的,硬木是硬的,对吗?然而,这并不绝对。有些硬木实际上是最软的木头(例如,电影中经常出现的木头巴沙木是一种硬木,当影片中的角色撞向木门或弄坏家具时,你能看出它是非常软的!)。这两种木头之间的差异实际上取决于它们的树木类型。硬木来自会落叶的落叶乔木,软木来自常年有叶的常青树木。

常见的软木有松树、云杉、雪松、冷杉和落叶松。常见的硬木有红木、柚木、核桃木、橡木、白蜡木和榆木。

软木被更广泛地用于家具和建筑行业,因为常青树木比落叶乔木生长得更快,因此可以收获更多的木头。正因如此,硬木通常比软木贵,因为你需要等待更长的时间才能收获木头,而且它通常是颜色更深的、更重的木头。因此,软木被认为是更加可持续的,因为它们生长得更快,更容易再生。

一堆薪材
©Petr Kratochvil

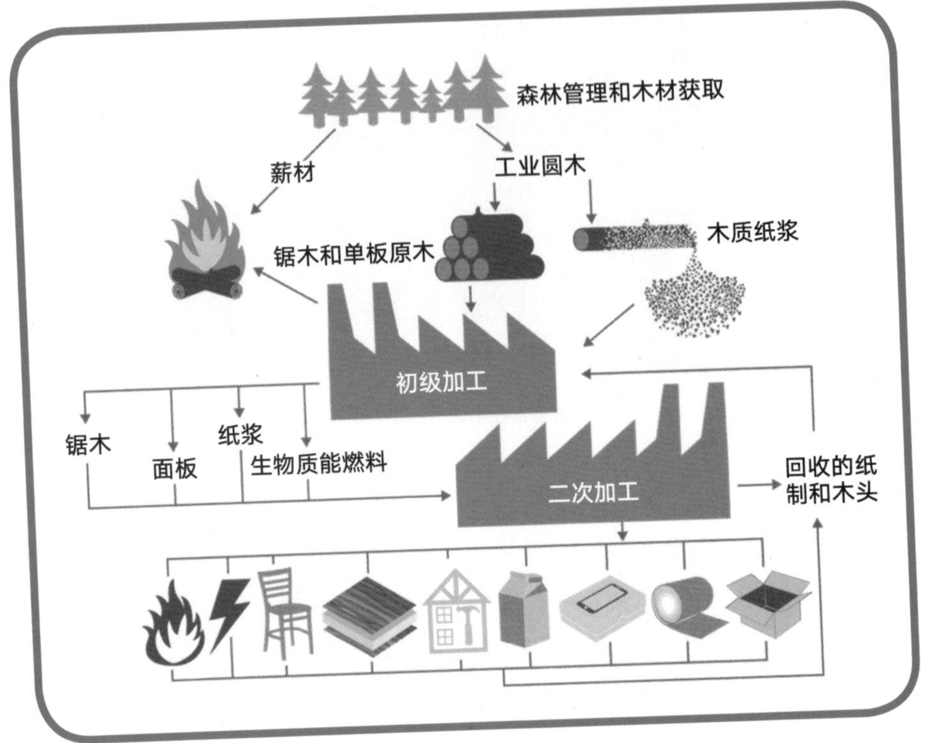

木材是如何加工成我们日常使用的产品
©世界自然基金会

非木材林产品

术语"非木材林产品"是指森林带给我们的除木材以外的所有商品，包括浆果、坚果、树叶、昆虫、野生动物（野味）和水果，所有这些都可以用于食品、药品或美容产品。对于世界各地的许多人，特别是发展中国家的许多人来说，来自树木和森林供给的食物是他们饮食中至关重要的一部分。重申一次，即使你不住在森林附近，你也要依赖它们：例如，如果你用过含有乳木果油的洗手液（第92页的"焦点关注"），那么你就用过非木材林产品。

"种树的时候，千万不要只种一棵。要种三棵——一棵用于遮阴，一棵用于结果，一棵用于美丽。"

非洲谚语

想一想

你有没有想过你的食物是从哪里来的？想想你今天吃的食物，它们生长在你所在的国家还是其他地方？它们是在雨林里收获的吗？热带雨林不仅为生活在热带雨林的人们提供食物（如香蕉、菠萝、巴西坚果、可可豆、芒果和杨桃），也为世界各地的人们提供食物。

坦桑尼亚的一位农民正向市场运送香蕉
©粮农组织／Simon Maina

一位肯尼亚农民向我们展示他在农场里的菠萝
©粮农组织／Christena Dowsett

巴西产的巴西坚果
©粮农组织／Giuseppe Bizzarri

乳木果油

生产乳木果油是一个漫长的过程。它来自乳木果树的果实。

布基纳法索东部地区的乳木果树（*Vitellaria paradoxa*）
©Marco Schmidt

乳木果树的果实，喀麦隆
©Marco Schmidt

然后将水果研磨成糊状。

在布基纳法索加工乳木果的妇女
©Tree Aid

为了生产你可能会在商店里买到的乳木果油，水果要经过处理，随后加入其他化合物。然后将其包装起来，以保持新鲜和清洁。

未提炼的乳木果油
©Hopkinsuniv

药用植物

你知道森林其实是和药品研发共同发展的吗？有超过7万种植物被用作药物。从驱虫剂到止痛药，森林里的生物提供了许多人类已经使用了数千年的有益健康的东西。据美国国家癌症研究所估计，有超过2/3的抗癌药物来自雨林植物。仅在中国，就有5 000种植物被用作中草药。此外，超过1/4的现代药物（估计每年价值达到1 080亿美元）来自热带森林植物。想想许多森林植物中未被发现的可以治疗艾滋病、癌症、糖尿病、关节炎和阿尔茨海默症等疾病的潜力。许多健康奥秘和不计其数的宝藏正待发掘……

想一想

在你附近的森林里可以收获什么林产品？要把这些林产品变成人们可以使用的东西，需要什么样的工作和工人？

非木材林产品。在立陶宛瓦雷纳市周边的路旁，从附近的林地采摘的蘑菇和浆果正在被出售。这个地区以森林、蘑菇和浆果而闻名
©Phillip Capper

钱长在树上

你可能听说过“钱不会从树上长出来”这句话。从技术上讲，这可能是正确的，但考虑到我们已经看到森林为我们提供了广泛的资源，很明显，它们确实通过创造许多就业机会而提供了经济利益！无论是在发展中国家还是发达国家，许多人都通过将木材和非木材森林资源加工成有用的产品来谋生。我们刚才谈到的乳木果油手霜，如果没有人收割乳木果并将其加工成对美容业有用的形式，就不可能生产出来。另一个例子是你房子里的木制家具，它不是奇迹般凭空出现的。必须有人砍伐树木，让另一个人把木头加工成木材，让另一个人来制作家具。想一想所有的森林产品，你会很容易发现森林和树木为世界上大量的人提供了重要的就业岗位。

森林与文明

森林已经成为人类生活的重要组成部分，这并不是最近才发生的事。纵观历史，森林在文明中扮演着重要的角色。过去，许多伟大的文明发源于热带雨林中。今天我们仍然可以看到一些遗迹。

玛雅文明

在危地马拉热带雨林深处可以找到玛雅文明的埃尔米拉多遗迹，至今仍令人惊叹不已。玛雅文明在公元前600—700年繁荣起来，在其鼎盛时期，定居点的中心达10平方英里。图中展示的是有史以来最高的玛雅神庙——拉丹塔金字塔。这座寺庙高79米，体积280万立方米！

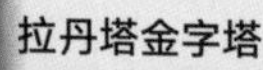
拉丹塔金字塔
©Dennis Jarvis

阿兹特克文明

直到16世纪，阿兹特克文明一直是墨西哥的主要文明。下图是墨西哥马利纳尔科热带雨林中一座阿兹特克神庙。然而，像玛雅文明和阿兹特克文明这样的文明，显然不得不砍伐大片森林来建造寺庙和城市。随着这些文明的发展，他们使用了过多自然资源，最终导致崩溃，因为他们的环境（森林）已经不再能够维持文明。希望今天的我们能从他们的错误中汲取教训，更加可持续地利用我们的资源！

墨西哥马利纳尔科的阿兹特克神庙
©Eneas de Troya

结论

森林拥有80%以上的陆生生物多样性，给人们带来了惊人的益处。它们为我们提供了大量的产品和服务，从木材和食品等有形的东西，到清洁空气和提供水源等无形的服务。森林产生了世界上大量的氧气，也起到了防止土壤侵蚀的作用。它们是木材、纸浆、薪材、饲料、肉类、经济作物、鱼类和药用植物的主要来源，为全球数亿人提供就业机会。

然而，森林之所以如此特殊，还有更多的原因。请移步第5章……

在印度尼西亚巴厘岛，一对母女在酿造有机椰子油的间隙休息片刻

©Altaire Cambata

森林、文化和休闲

5

森林是许多快乐的休闲活动的场所，也是世界各地许多人进行精神反思和礼拜的起源。

人们总是被森林所吸引。它们的主要吸引力包括在那里发现的令人惊叹的野生动物，以及各种各样的植物枝叶——树木、匍匐植物、灌木和草本植物。对许多人来说，森林带有一种神秘的气氛，这激发了他们的冒险意识；而另一些人则认为森林是远离尘世混乱的宁静避难所。

文化故事

森林之王——新西兰境内一棵巨大的贝壳杉

森林之王是世界上现存最大的贝壳杉（*Agathis australis*）。它是以毛利语中“森林之神”的名字命名的，估计已有2 000多年的历史。森林之王的直径13.8米，高51.5米，主宰着新西兰赫基昂加地区的怀波瓦森林。它有15层楼那么高！

世界各地的许多宗教、文化和原住民都有创世神话，它们解释了世界是如何起源的，以及第一代住民是如何来到这里生活的。创世神话经常都是在描述对传播本土文化很重要的符号、惯例和大事件，因此它们揭示了许多关于该文化的身份、信仰和价值观的信息。那么，下面的毛利人创世神话是否能让你了解贝壳杉对新西兰毛利人的重要性呢？

天地伊始，只有茫茫黑暗。久而久之，出现了两个人：地球母亲巴巴（Papatuanuku）和天空之父兰吉（Ranginui）。在黑暗中，大地母亲和天空之父紧紧相拥。他们诞下了70个儿子。

森林之王
©Gadfium 2007

对巴巴和兰吉的孩子来说，他们是不幸的，父母的紧紧拥抱把他们笼罩在一片漆黑之中。孩子们真的很想逃离黑暗，体验光明。因此，他们举行了一次会议，探讨如何松开父母的拥抱。孩子们断定他们只有两个选择：要么杀了兰吉和巴巴，要么把他们分开。

其中一个男孩，名叫塔尼·马胡塔，大声说了出来：他想要分开他的父母，而不是杀死他们。他认为他的天空之父兰吉应该飞上天空，他的大地母亲巴巴应该深入地下。其他的孩子也都同意他的观点。

于是，一个接一个地，每个男孩都竭尽全力想要分开他们的父母，但没有一个足够强大。最后，轮到塔尼·马胡塔，他就像那棵大树一样强壮。他仰卧着，肩膀靠着母亲，双脚蹬着父亲。塔尼·马胡塔奋尽全力努力了很长一段时间。最终，他成功地把巴巴和兰吉——大地和天空——分开了。

塔尼和他的兄弟们有生以来第一次看到了曙光，他们很高兴！然后，塔尼开始给他的母亲穿上植被，有延伸着长枝干的高大树冠树，较小的下层木、灌木、藤本植物和附生植物。

今天，塔尼被毛利人尊崇为人类、森林和居住在森林中万物的神明。森林里所有的鸟和树都被当做塔尼的孩子。至于他的六十九个兄弟，他们后来就成了毛利人的其他神明。

新西兰卡胡朗吉国家公园
©Pseudopanax

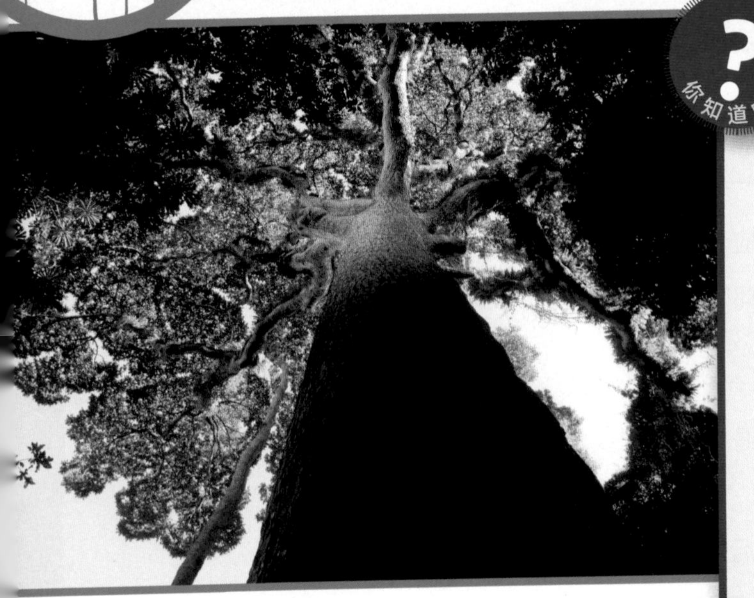

刚果民主共和国恩库拉森林里的一棵老树
©粮农组织／Guilio Napolitano

你知道吗

其中一棵最古老的活着的树有4 765年的历史，被称作玛士撒拉（Methuselah，根据《希伯来圣经》中有史以来最长寿的人的名字命名）。它是在加利福尼亚州被发现的，只是许许多多令人惊叹的千年古树中的一棵。想象一下这些树在有生之年所看到的一切吧！当先知穆罕默德（Prophet Muhammad）在麦加布道时、达·芬奇（da Vinci）画蒙娜丽莎时、莱特兄弟（Wright Brothers）逃亡时、第一次世界大战爆发时……其中的一些树木就已经开始了他们的生活。你应该懂了。也许是因为它们经历得太多了，所以树木似乎蕴藏着一种沉默的智慧，这或许在一定程度上解释了人们对它们的迷恋。

森林是地球上独一无二的地方，古老的树木统治着一个光影此起彼伏、野生动物肆意奔跑、萦绕着神秘沙沙声的世界。然而，虽然森林里充满生机，但森林深处却有着一种摄人心魄的宁静，这在其他任何地方都是罕见的。

几千年来，人们对森林都十分着迷，一直将它们作为奇幻故事和冒险故事的背景。英雄们通常是在森林里遇到魔法城堡，里面有被囚禁的公主、有掌握特殊力量的邪恶怪物、还有抛出谜语的侏儒。诗人们动人地讲述了森林的美丽及其隐藏的奥秘。隐士和瑜伽修行者在林中的的树荫深处寻求庇护。有一些人参拜古树的树根，另一些人围着古树起舞庆祝节日。对于那些有幸居住在森林附近的人，森林一直在他们的生活中扮演着重要的角色。

在加纳开普敦海岸附近的卡库姆国家森林享受天蓬漫步
©世界银行／Jonathan Ernst

"让我每天都能在我的水岸上不停行走，让我的灵魂安息在我栽种的树枝上，让我在梧桐树的树荫下重新振作起来。"

埃及墓志铭
（约公元前1400年）

你在森林里待过吗？

你觉得怎么样？

树木的雄伟和大自然深处的宁静给你带来了灵感吗？

森林里的乐趣

森林提供了一个充满可能性的奇妙世界。佛陀是坐在榕树下开悟的，传说艾萨克·牛顿（Isaac Newton）男爵坐在树下时，一个苹果掉在他的头上，他便发现了地心引力。一句话来讲：周围都是树，谁知道会发生什么呢？

虽然不是每个人都能通过造访森林来改变世界，但人们到森林里去也是为了各种有趣的活动。动物、鸟类和昆虫的爱好者深入森林，可以亲眼看到这些生物。人们经常把这些探险和其他有趣的活动结合在一起，比如乘坐筏子、皮划艇或独木舟穿过森林，沿着小径徒步旅行，或许还可以露营一下。当这种旅游形式遵循以下的原则时，它就被称为生态旅游。

生态旅游：

- 促进保护；
- 包容和尊重当地社区；
- 让人们有机会在学习的同时探索自然；
- 向人们介绍当地的文化。

为什么不自己试一试呢？如果你住在森林附近，你可以徒步旅行、慢跑或悠闲地在大自然中散步。你可以准备一顿美味的野餐，与你的朋友和家人在树叶覆盖的“天花板”下享用一顿盛宴。你可以和你的朋友去露营，在篝火旁讲鬼故事把你们自己吓坏……或者仅仅是唱唱歌。也许你只是想在大树脚下做个美梦或看看书，或者收集一些树上掉落的不同寻常的树叶。如果你倾向于一些更狂野的东西，你可以尝试一些当地森林机构提供的有组织的娱乐活动，比如左边照片中的人正在进行的高空钢丝探险。

! 无论你选择哪种有趣的森林活动，一定要采取安全措施，并在正规的监督下，在父母或监护人的许可下进行活动！

在斯洛文尼亚的一片森林中钢丝穿行

激流皮划艇运动员沿着里约热内卢皮亚图河划下，穿过厄瓜多尔的森林
©Rob Gibb

联合国教科文组织世界遗产保护地

联合国教育、科学及文化组织(UNESCO, 简称“联合国教科文组织”)于1972年设立了《保护世界文化和自然遗产公约》，以帮助保护世界自然和文化遗产。什么是遗产？“遗产是我们过去留下的痕迹，是我们今天生活所需的东西，也是我们留给子孙后代的礼物。”(资料来源：http://whc.unesco.org/en/about)。这是我们代代相传的东西，就像是一种传统。

因此，世界遗产保护地因其自然美景和文化意义，是对人类具有特殊价值的地区。世界遗产保护地中的森林目前总面积超过7 500万公顷。

有关您所在地区世界遗产保护地中的森林项目，更多信息请点击此处：http://whc.unesco.org/en/forests。

原住民与森林：一种特殊的纽带

我们中的大多数人可能认为森林只是一个参观的地方，但对于世界各地约3亿人来说，森林是他们的家园（资料来源：www.un.org/forest）。这些森林居民中有许多是原住民。原住民是已知最古老的居民（也称为土著居民）。在许多国家，原住民经常依靠森林提供食物、衣物、药品和收入。但他们与森林的关系往往比这要深得多。森林可能具有神圣的意义，自从他们的祖先第一次在这片土地上狩猎和采集食物以来，这种特殊的关系就一直存续着。许多土著群体会在森林里举行重要的仪式，教育他们的孩子珍惜和保护森林，并通过古老的树木和土地感知与祖先的联系。

“森林中的原住民认为自己与森林和森林中的一切——树木、花草、河流、动物和山脉——都是密不可分的……这些思想是通过神话、宗教习俗和社会监管体系来体现的，包括对环境、生产和交易体系的管理。”

联合国环境规划署

由于对森林的深切尊重，世界各地的原住民通常在保护当地森林方面发挥着重要作用。

原住民的生活：

森林会以各种方式对世界各地原住民生活产生影响。

- 生活在巴西亚马孙河流域的Waimiri Atroari会根据每种植物不同的物理和化学性质制作捕猎装备，足足有32种植物可以当做原材料呢！
- 下次你的父母或老师告诉你不要再吹口哨时，你可以告诉他们，你其实是在用口哨语言进行交流。没错，这种（叫做elsilbo的）口哨语言（这听起来多酷啊！），它源自西班牙**加拉霍奈国家公园的森林，是当地人在深谷中交流的一种方式。**
- 东非土著马赛人的绝大多数典礼和仪式——包括取名、结婚和葬礼仪式都是在森林中进行的。即便条件不允许，他们也会使用森林中的植物和树木举行仪式。
- 俾格米人，他们在刚果的伊图里森林绵延生存了数千年。而森林激发了他们创作美妙音乐的灵感。俾格米人发出模仿动物叫声的喇叭般的声音召唤他们的上帝托雷（Tore），在卡林巴（Likembi，也拼写为Likembe，一种拇指钢琴，非洲民族乐器，在肯尼亚被称为Kalimba，在津巴布韦被称为Mbira，刚果人则称它为Likembe）的伴奏下洗衣服，并且经常整夜不停地吟唱咒语，埃菲族人以他们的歌曲而闻名世界——这些歌曲是他们对森林家园的爱之歌。

资料来源：Culture Survival（译为“文化生存”，是一个由原住民领导的非政府组织和在美国注册的非营利组织，自 1972年以来一直倡导原住民的权利，并支持原住民社区的自决、文化和政治韧性。

巴西土著男子划桨穿过森林
©世界银行

“如今世界上许多尚存的热带森林都是原住民的领地。这是因为：居住在森林中和依靠森林为生的原住民不仅把森林作为食物和生计的源泉，还把森林视为他们身份、文化和社会组织的基础。因此，他们可持续性地使用、保存和爱护这些森林，森林就是他们的家园。”

《联合国气候变化框架公约》

有关森林的艺术、文学以及音乐的作品

不列颠哥伦比亚省第一民族（海迪人）雕刻的图腾柱复制品
©Peter Graham

艺术

森林及其资源是许多艺术创作的重要灵感来源，这些艺术创作都具有重要的历史和文化元素。例如，你见过或听说过图腾柱吗？这是在美国西北部和加拿大地区，用巨大的雪松树干雕刻而成的大柱子。当地人（这里指北美原住民）为了纪念共同的祖先传说、纪念历史活动或者是庆祝特色文化，会将人物和故事刻在木柱上。你为什么不试着雕刻一个专属自己的迷你图腾柱呢？

许多画家试图在画布上捕捉森林之美。法国艺术家亨利·卢梭经常创作与森林相关的图画，他认为“自然是唯一的老师”。克劳德·莫奈、文森特·梵高和伦勃朗也喜欢画树木和森林景观。你还能想到其他的哪些艺术表现形式？或者也可以举几个艺术家受森林启发的例子。

音乐

森林也激发了许多音乐家的灵感，因此才能创作出那些表达对树木和森林环境美丽与敬畏的美妙作品。例如，意大利作曲家安东尼奥·维瓦尔第的《四季》，通过四首著名的小提琴协奏曲巧妙地再现了初春时森林中的鸟鸣到寒冬时冰冻的更迭。作曲家让·西贝柳斯的作品《塔皮奥拉》也从森林中汲取了灵感。他为配乐写了这样一篇序言：“北方大地昏暗的森林，广袤无垠，静静伫立，古老、神秘、荒凉的梦境徘徊不去；森林中隐藏着强大的神明，幽暗中的木精灵正编织着魔法的奥秘。”最近，美国独立民谣组合Bon Iver在威斯康星州森林深处的一间小屋里过冬时，制作完成了专辑*For Emma*。在你的文化中，你能想到一些以森林为灵感创作的音乐家吗？

文学

作家和诗人也喜欢描写森林。然而在他们的笔下，森林往往扮演着邪恶可怕的角色。无论森林是象征着恐怖还是安谧，它们总是有一种神奇的魔力去吸引着故事中的主角。就像我们在现实生活中也同样会被森林吸引。

或许最痴迷于描写森林的就是童话故事了。在童话故事里，毫无戒心的主角在穿越森林时总会经历一场诡异而疯狂的冒险。小红帽会遇到凶恶的大灰狼；汉赛尔和格莱特遇到了一个住在姜饼屋里的邪恶女巫；别忘了还有白雪公主！她在森林里遇到了七个小矮人。

但是，描绘森林的不仅仅只有童话故事，例如罗宾汉和他的伙伴，他们大部分时间都在英格兰的舍伍德森林度过，这里为他们的许多冒险提供了一个安全而舒适的环境。

加拿大蒙特利尔，《种树的牧羊人》的活雕塑
©Christine Gibb

莎士比亚的作品中也出现过森林的身影，也许最令人难忘的就是《仲夏夜之梦》中的魔法森林。关于森林还有许多的恐怖故事。例如，《沉睡谷传奇》讲述的是一个无头骑士手持自己被砍断的头颅穿过树林的故事。真是令人毛骨悚然！

在《种树的牧羊人》的故事中，讲述了一个牧羊人独自带着他的羊旅行，一路上收集橡子，最终在一个贫瘠的山谷中重新造林的故事。30多年以来，牧羊人一直坚守在这里植树和照料森林，很快就把这片山谷变成了一个美丽而生机勃勃的地方，并吸引了一万多人安家定居。

许多现代文学作品也以森林为背景。《哈利·波特》中的哈利、罗恩和赫敏就在禁林中进行了许多惊悚可怕的冒险。在《饥饿游戏》中，主人公凯特尼斯不仅是在森林生存中最幸福安宁的人，她还通过森林来获取食物和资源。

森林也是诗歌的主角。例如，罗伯特·弗罗斯特笔下“活泼、幽暗、深邃”的森林。一些歌曲也以森林为主题——你能想到一些吗？

想一想

这里所描述的文学实例大多与西方文化有关，但事实上，森林在世界各地的文化中都扮演着重要角色。

你能想到来自你们国家或者其他文化的有关森林的故事、诗歌或歌曲吗？

发挥自己的创造力，试着自己写一篇吧！

结论

几个世纪以来，森林始终穿插在我们的想象力之中，从而影响着我们的集体意识和文化。从歌唱、敲鼓和举行重要仪式的古老部落，到寻求智慧和内心平静的哲学家，再到现代的露营者、探险家和冒险家——森林是各种文化、精神和娱乐追求的最佳场所。参与其中，去探索你身边的森林吧！试着去帮助你的朋友和家人了解当地森林的文化价值——你能激励他们保护这些迷人的地方吗？

D
部分

遭受破坏的森林

6 森林正面临的威胁

达瑙，菲律宾。该地区的一些农民仍然在使用刀耕火种的方式来清理一部分山丘

森林正面临的威胁

许多因素会对世界上的森林造成危害。保护森林的前提是要了解它们面临的威胁。

为了应对许多自然灾害的发生并且生存下去, 在森林生态系统中的生物必须变得强大。

然而在当今时代，由人类构成的新威胁已经极大地限制了森林生态系统，这意味着森林生态系统正在消失，该生态系统的物种也即将走向灭绝。

乍一看，森林似乎是景观中比较长久的一部分。实际上森林是非常动态的，在形状和组成上都在不断变化着。只不过这些变化大多数都非常缓慢，规模也很小，因此很难被观察到。你还记得你上一次看到一根干树枝掉落或者一颗种子发芽的时候吗？（这是一个巧妙的问题，种子其实是在地下发芽的，所以你实际上根本看不到这一个重要的生态过程。）而一些大规模的事件会更明显，例如，森林火灾、风暴、虫灾以及人类活动，这些事件会迅速而彻底地改变森林的外观。

雪崩造成的破坏

©Walter Siegmund

文化故事

动物远征队

《动物远征队》是科林·丹写的一本虚构的书。这本书讲述了人类为了建造自己的房屋，肆无忌惮地摧毁了森林，生活在那里的动物不得不离开自己的家园。人类填平了森林里的池塘，还砍掉了所有的树木，没有给生活在那里的动物比如狐狸、獾、黄鼠狼、田鼠、老鼠、猫头鹰和蟾蜍留下任何栖息地。由于干旱，情况变得更加糟糕，溪水完全干涸，动物们没有水源来解渴。这本书描述了一群动物前往白鹿公园的冒险故事。白鹿公园是一个虚构的自然保护区，动物们希望在那里能得到安全。一路上，这些动物们遇到了许多危险，它们穿越了危险的道路、城镇、河流和充满杀虫剂的田野。虽然动物们经历了很多艰难险阻，但当它们最终来到白鹿公园时，故事有了一个幸福圆满的结局。在那里，它们庆祝自己的安全到达，并纪念所有在途中失去生命的动物。

美国芝加哥附近公园里的一只白鹿
©阿贡国家实验室

想一想

那些不能长途跋涉去寻找更好栖息地的动物们该怎么办？

那些根本不能移动的植物该怎么办？

世界上森林的状况

8 000年前，地球表面的一半都被森林或树木覆盖。然而如今，森林面积却占据了不到1/3。树木不仅有动物这样的天敌，还有其他种树木作为竞争对手。同样，森林会被各种自然因素改变，例如气候、自然灾害和水资源。所有这些自然力量都可以改变森林的规模和组成。不幸的是，由于人类不停地砍伐和开发森林，目前的森林损失率，科学上称为森林砍伐率，已经远远超过了之前历史上的正常速度。这很可怕：相当于每分钟就会有五个足球场大小的区域消失！据联合国粮农组织估计，每年消失的森林面积大约相当于一个希腊。

8 000年前

现在

世界上不同地区森林损失的数量也有所不同。在发达国家，森林面积在过去100年中保持稳定甚至增加的趋势。在很大程度上是因为许多发达国家为了农业和其他活动的发展，在几个世纪前就已经砍伐了大片土地。然而如今在发展中国家，森林面积却呈现持续减少的趋势。

?

你知道吗

自2000年以来，每年约有1 300万公顷的森林消失。这可不是个好消息！但过去十年的森林砍伐率是低于前十年的森林砍伐率的——让我们祈祷它继续下降吧！

资料来源：2010年全球森林资源评估，粮农组织。

导致森林消失的原因是什么？

改变森林及其内部生长树木的事件称为森林干扰。数百万年来，干扰以不同的方式影响了森林。这些可根据其用途进行分类：

持续时间	影响程度	来源

从几秒钟到几个月	从树叶受损到树木死亡	自然或人为

不论是人为的还是自然导致的森林干扰，都可能对森林的未来产生重大影响。许多人类活动，如农业会将森林永久转变为可用于其他目的的土地。

永久性砍伐和森林面积的减少被称为森林砍伐。例如，当人们砍伐树木修建道路以及房屋，或清理农业生产区域时，就会进行森林砍伐。当森林消失时，生活在森林中并依赖森林生存的许多其他生命形式也一并消失了。虽然一些物种可以适应新的环境，但许多其他物种却需要找到新的栖息地来生活。此外，我们还失去了森林为我们提供的许多生态系统产品和服务（如第4章所述），这些产品和服务难以衡量，但却为环境和人类福祉带来了许多无形的好处。

另一种类型的森林干扰是退化。退化被定义为森林状况质量的下降。尽管森林面积保持不变，森林质量的下降可能意味着森林不那么健康，存在的物种更少，或者人类使用或出售的有用产品和服务更少。森林退化可由野火和山体滑坡等自然因素引起，第120～125页对此进行了详细解释。

想一想

森林损失严重的地区在哪里？

你在那里发现了什么种类的森林？

造成这样变化的主要原因是谁或是什么？

当人类过度使用或过度开发森林资源时，也可能发生森林退化。例如，大量破坏或移除生物体和野生动物（例如，通过捕杀动物获取野味或采集下层木获取薪材）会改变生态系统的平衡，这意味着生态系统无法再发挥应有的功能。如果森林严重退化，树木就会死亡，森林砍伐就会发生。退化是一个复杂的问题，与毁林相比，更难观察和衡量。

自然和人为的森林干扰虽然不同，但也有联系。许多自然发生的森林干扰由于人类的活动变得更加强烈。例如，气候变化正在导致干旱等极端天气事件的次数和强度增加，这可能会对森林造成严重压力，而森林无法很快适应，进一步导致物种的丧失。

那么，森林面临的主要威胁是什么？

想一想

森林干扰的例子有哪些？你附近的森林里有没有发生的？

描述一下它们对森林的影响。

俄罗斯鞑靼斯坦共和国的森林干扰
©粮农组织／Vasily Maksimov

极端事件

地球
并不总是像你想象的那样稳定!

树根在固定土壤中发挥重要的作用（试着把树根想象成一种将土壤连接在一起的网络）。如果森林被清除或退化，地面不再有植被覆盖，土壤很容易被暴雨冲走。这种缓慢且持续的过程称为侵蚀，可能是阻碍森林再生长的关键威胁。事实上，一旦表层土（最上面的肥沃层）被侵蚀，所有植物都很难再次生长，这将导致土地处于长时间的裸露。在这种情况下，斜坡地区很可能发生滑坡。滑坡是由降雨或地震等自然原因引发的，但人类活动（如森林砍伐）可能会增加滑坡发生的可能性。在大型滑坡中，会带走整个山坡的表层土。山体滑坡会将路上的树木和其他植被连根拔起，连同岩石、泥土、淤泥和残渣一起冲走。

美国加利福尼亚州的山体滑坡
©Mark Reid／美国地质勘查

除了破坏沿途的自然生态系统，山体滑坡还可能对该地区的居民和工作人员构成危险，而极强的山体滑坡甚至会冲走房屋和所有生计。

能在恶劣土壤条件下生长的神奇植物

在陡峭的岩石山坡上发现的一些高山植物属于**垫状植物**，之所以这样命名，是因为它们成簇生长，看起来有点像垫子。它们是生长缓慢的物种，根相对较大且扎根较深。这些特征使它们能够在侵蚀土壤或营养不良的环境中生长。

牧豆树（*Prosopis juliflora*），这是干旱地区常见的一种典型植物。它可以在沙质土壤中生长。基于牧豆树的根系特点以及它具有抽出新芽来大量繁殖的能力，毛里塔尼亚成功地种植并建立了能够稳定土壤和限制沙丘蔓延的林带。

皮鲁的垫状植物
©Emilie Hardman

毛里塔尼亚的牧豆树
©粮农组织／T. Fenyes

空气
无形的危险

说起最恐怖的风，你可能会想到龙卷风、旋风和风暴。这些风的风速可达400公里/小时（250英里/小时），并且对人类基础设施和森林造成巨大破坏。风携带雪、冰、沙子、灰尘、冰雹、碎片，以及它们的混合物后，将变得更具破坏性。经过一场暴风雨，树木都被弯曲断折甚至被连根拔起，更别提被吹落的树叶和树皮了。这种破坏还会使树木更容易受到其他有害力量的侵害，这就是常见的连锁反应。例如，当一棵大树倒下时，邻近的几十棵树也可能随之倒下。然而，即便是微小的风力也会对树木造成影响——只要暴露在持续的海风中就足以使树木弯曲！

强风会侵袭森林
©Rafik

而持续暴露在风中（例如在山区、半干旱地区或沿海地区）会使土壤和植被干燥，甚至侵蚀植被生长的地面。

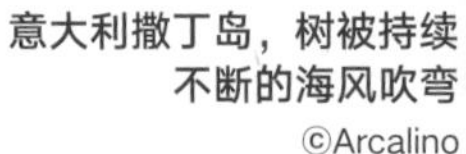

意大利撒丁岛，树被持续不断的海风吹弯
©Arcalino

火
亦敌亦友

你知道吗？对于森林来说，火既是朋友也是敌人。虽然火灾会摧毁大片森林，但它们也有助于森林的整体健康，甚至有助于一些树种的生存和繁殖！

森林火灾一直很常见。在古代，森林火灾是由闪电、火山爆发或落石产生的火花等自然现象引发的。后来（但仍在数千年前），人类开始成为主要的引火源。到了现在，有90%的森林火灾是由人类活动引起的，比如因发展农业清理土地而故意引燃导致的火灾，或者由乱扔的香烟或无人看管的营火引发的意外火灾。火势很容易在无意中失控。这些失控的野火不仅会破坏森林，还危及野生动物、人类的生命安全，有时甚至会蔓延整个村庄。在这些情况下，能否及时

几内亚的刀耕火种农业。人们为了种植作物丰饶而用火烧掉的土地
©粮农组织／Marzio Marzot

你知道吗

人类有时会用火来清理森林中的空地，以便为农田腾出空间。这种不可持续的做法被称为“刀耕火种农业”。既危害了周围的森林，对人们的健康也非常有害，因为这造成了可以传播数千英里①严重的空气污染。

① 英里为英制计量单位，1英里≈1.609千米。——编者注

灭火事关生死。

在过去的几个世纪里，人类遏制火灾做出了巨大的努力。讽刺的是，这些努力对森林并非绝对有利。例如，定期、小规模、低地面的火灾有利于森林生态系统适应经常性的火灾。因为这样利于控制害虫，还可以为最强壮的树木创造生长空间。最重要的是，还可以防止干树叶和树枝堆积在森林覆被上。堆积大量枯叶和树枝的森林就像滴答作响的定时炸弹：当一场火灾开始时，这些树叶和树枝为火灾提供了大量燃料，最终使其发展成为一场巨大的毁灭性火灾。

诀窍就是限制火灾的规模。社区或专业消防管理员定期以可控的方式点燃低强度火灾。这被称为计划烧除。

计划烧除
©粮农组织／Simon Maina

比特罗国家森林的野火
©John McColgan／土地管理局／阿拉斯加消防局

焦点关注

与火共生的神奇植物

有些植物的繁殖实际上离不开火；例如，原产于北美的松柏科植物加拿大短叶松（*Pinus banksiana*）。它的种子被包裹在非常坚硬的球果中，直到遇见森林大火等强热源，这种一直保持封闭状态的球果才会打开。由于森林大火还清除了下层木和其他残骸，释放出来的加拿大短叶松种子此时没有竞争对手，还能在刚准备好的灰烬床中获取丰富的营养，生长会异常迅速。

桉树有时被称为“脏树”，因为它会产生大量容易燃烧的垃圾（树叶、树皮），并堆积在土壤上。一些桉树物种也会产生高度易燃的油。桉树可以在火灾后迅速再生，而其他树种则不能。因此，火灾蔓延实际上阻止了其他树种入侵桉树的领地！

©William D. Boyer／美国农业部林业局，Bugwood.org

桉树树皮脱落
©fir0002

水
洪涝，干涸；冰雪，污水

水是生命的重要来源。地球上的每一个生物都需要它。那么，这么珍贵的东西怎么会危害森林呢？

想一想

在什么情况下水会危害森林？

过量的水会损害森林，就像2004年印度尼西亚海啸的后遗症一样
©粮农组织／Jim Holme

水对森林及其居民的利害取决于其数量和状态。这包括以下内容：

- **水过量**：有很多方式可以让大量的水在短时间内进入森林。例如，强烈的海啸和河流、湖泊引发的洪水会带来巨大的海浪，以惊人的力量冲击植被和陆地。缓慢而持续的大雨也是非常危险的。潮湿而沉重的土壤极有可能引起滑坡，就像我们在本章前面看到的那样。相比于动态水，过量的静态水同样危险：植物根系在土壤中汲取氧气，但静态水的闯入会占据氧气的空间。沉入水中的根系也就无法顺利进行气体交换。然而，有一些种类的树却可以在静水中生存（甚至茁壮成长）。红树林就是一个重要的例子（第65～69页）。
- **水量不足**：由于炎热干燥的天气条件（快速蒸发或根本没有降雨），可能无法获得水源。如果这种情况一直持续下去，就称为干旱。缺水不利于植物生长，它们会枯萎并最终干

捷克一处森林遭受冰雪破坏
©Petr Kapitola／国家植物检疫管理局，Bugwood.org

枯。进而导致它们更容易受到其他威胁，包括疾病、害虫、极端温度和强风。长期干旱也会增加森林火灾发生的概率。

- **固态水：**融化的冰雪是世界上某些地区森林植被的重要水源。然而，当雪和冰从山上落下的速度太快时，它们可能会造成很大的破坏。在几秒钟内，雪会造成高速雪崩，沿着陡峭的斜坡飞驰而下，摧毁道路上的一切，包括房屋和大树。小规模的冰雪也会对树木造成损害。例如堆积在树枝上的雪，虽然看起来很美，但积雪和冰的重量往往足以折断树枝。
- **污染水：**水可以是纯净的、可饮用的，也可能被不利于生物健康的有毒物质污染。将这些毒素排放到我们地球的水源之中的，也是人类。例如，当我们在汽车和工厂中燃烧化石燃料，或使用化肥和杀虫剂来提高农业产量时，我们就排放了有毒物质。当这些有毒物质与大气中的水（产生酸雨）或土壤中的水混合时，它们可以借助气流或河流传输数百公里。这些物质的作用差别各异。在这个过程中，其中一些物质可能会在植物利用之前溶解，还可能会滤出土壤中的营养物质和矿物质。同时，这些物质可以改变其他无害的土壤颗粒，使它们对树木构成危险。树叶和针叶受影响极大：当暴露在某些有害物质中时，树叶可能会变成棕色并脱落（这种现象称为“森林枯死”），使树木更难抵御寒冷或其他压力因素。

法国一处森林遭雪崩破坏
©F. Parrel

焦点关注

在水威胁下进化的神奇植物

一种有点像红树林（第65～69页）的**柏树**可以在洪水地区生存。它们从根部长出了看起来很滑稽的突起，我们叫这种结构为“膝盖”（因为它们看起来疙疙瘩瘩的！）。这些“膝盖”伸出柏树根部，能够在30厘米之深的土壤中固定。大多数科学家都认为，当它们根系的其余部分被淹没时，“膝盖”能越过水面进入更深的位置，从而帮助根系获得足够的氧气。当然，一些红树林也是有“膝盖”的！

在长期炎热干燥的非洲，猴面包树却构成了一道独特壮丽的风景线。它们肥胖的身躯实际上是它们在长期干旱期生存的关键（第一棵猴面包树显然对此感到不安，具体请看第48页）：它们厚厚的树干可以在雨季时储存水分，以便在旱季可以获取和使用。

马达加斯加的一种“肥胖的”水状猴面包树
©Cilibul

柏树的“膝盖”伸出沼泽
©Natalie K

讨厌的害虫

昆虫、真菌和野生动物是维持森林健康必不可少的天然居民。它们各自有着许多不同且有用的任务。例如，它们能加速动植物死亡后的分解过程、为植物授粉、运输种子，还能为其他动物提供食物。与此同时，昆虫、真菌和野生动物也给树木带来了许多挑战：害虫和真菌可以杀死或伤害树木；放牧食草动物则会减缓新幼苗的生长；微生物引起的疾病能杀死许多树木。但是这种情况发生有限，只有最弱的树木会死亡（例如幼苗、受压的树或不健康的树）。然而，在某些条件下，昆虫或害虫的数量会扩大到对森林构成严重威胁的程度。这被称为害虫暴发。

通常，来自其他地方的物种特别容易在新环境中造成严重破坏。这些非本土（或外来）物种可能是由人类意外引入的，例如在运输木材和木制品、食品或动植物产品时不小心携带。另一方面，一些物种因为过去的栖息地受限（如气候原因等）的原因发生迁移。如果它们能在新的环境中生存，外来物种通常会比在“家”时繁殖得更快，因为它们的天敌和竞争对手可能无法控制它们的数量。由于本土物种以前从未遇到过新物种，缺乏有效的防御措施来保护自己免受非本土物种带来的新竞争或捕食。因此，有害的新来者被称为入侵物种：它们是本土物种空间和营养的恶性竞争对手，甚至可能取代以前生活在那里独特的或者是本土动植物。如果这些本土物种消失，那么依赖它们的其他动植物物种就会陷入困境。并且入侵物种可能无法提供与本土物种相同的栖息地或营养水平。

美国得克萨斯州的一片森林遭受了小蠹虫的袭击

©Ronald F. Billings／德克萨斯州林业局／Bugwood.org

如果不是在秋天你却看到一群锈迹斑斑的红色的树，那么你可能看到的是遭受树皮甲虫侵害的树木。上页的照片拍摄于美国得克萨斯州印第安的土丘荒野（不过不要急于下结论，有些树木在受到不同的压力影响也会表现出类似的症状，包括害虫和空气污染物）。

有着“一分钟蔓延一英里”之称的微甘菊（*Mikania micrantha*）是一种多年生藤本植物，产于中美洲和南美洲。它最初是在第二次世界大战期间印度引入用于伪装机场的。如今，已经在整个南亚的大片地区肆无忌惮地传播（它的嫩枝一天就能长到3厘米！），在森林和农作物之间大肆泛滥。在它们绿色的毯子下，阻断了所有光线，遏制了全部生命。

随着越来越多的人和货物在世界各地流动，入侵物种的问题越来越严重。气候变化加剧了这一问题，因为入侵物种正在迁移至新的地区，以便留在最适合它们的气候中。

美国微甘菊覆盖树木

焦点关注

具有特殊抗虫能力的神奇植物

为了保护自己免受不速之客的侵扰，针叶树会产生一种叫做树脂的黏性物质。当它们受到侵害时，树脂能将昆虫挡在外面，并杀死可能感染受伤树皮的其他微生物。（这类似于你自己的身体结痂来保护割伤或刮伤的皮肤不让有害细菌进入。）

有些树，比如印度的阿拉伯金合欢（*Acacia nilotica*），它的树叶上面长满了尖刺，可以很好地防止食草动物吃掉树的叶子。真厉害啊！

气候变化

我们已经发现，有许多不同的自然过程会影响森林。当这些过程偶尔发生时，森林通常能够恢复。然而，一个全球进程正在增加这些事件发生的频率，使森林非常容易受到威胁。这个无声的杀手就是不断增加的大气温室气体。

它的工作原理如下：就像温室里的玻璃一样，大气中的温室气体会形成一层护罩，从而阻止太阳热量散逸到大气，引起地球升温。这本身并不是坏事，如果没有“温室效应”，地球实际上会很冷，气候变化会使我们无法生存。我们也知道植物需要二氧化碳来进行光合作用——那么，为什么要大惊小怪呢？当大气中的二氧化碳和其他（温室气体）含量过高时，问题就会出现。自18世纪末人类工业活动开始大规模频繁以来，且一直在迅速上升。特别是燃烧化石燃料，使大气中自然产生的二氧化碳水平迅速增加。

你可以自己想到接下来会发生什么：更高的二氧化碳水平意味着更多的太阳热量滞留在我们的大气中。这导致地球平均（总体）温度缓慢且稳定地升高，加速了所谓的气候变化。正如我们在第4章中所看到的，树木通过充当碳汇，在帮助减缓气候变化方面发挥着至关重要的作用。

我们在第2章中还了解到，气候对于决定哪些物种生活在哪些地方非常重要，因此随着气候变化，物种将被迫迁徙（移动），抑或是留在原地适应新的条件。如果两者都做不到，它们将面临灭绝的威胁。气候变化极有可能影响极端事件发生的频率，如干旱和火灾，或虫害暴发。随着气候的变化，森林和我们生活的许多方面也发生了变化。

气候变化对森林的影响

Susan Braatz，联合国粮农组织森林与气候变化

森林对气候变化很敏感：即使平均温度只是发生微小变化也会对森林特征产生严重影响。据国际气候专家称，到2100年底，我们星球的平均温度可能会上升1～6°C。目前已经有许多气候变化引起森林变化的现象。以下是一些例子：

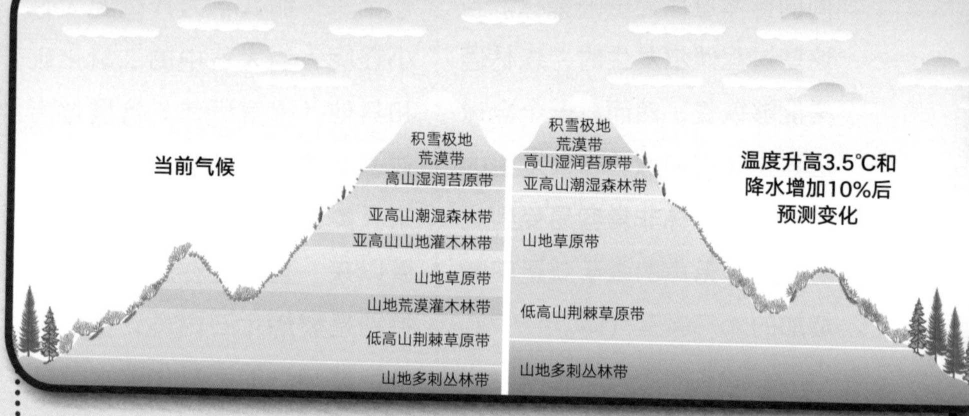

气候变化对山区植被带的影响

©Philippe Rekacewicz，UNEP／GRID-Arenda，www.grida.no/publications/vg/forest

:: **森林和野生动物的变化**：有的物种正在扩大其地理范围，并在新的区域定居（并成为新的领主），而另外的物种正在从它们以前占领的区域消失。

:: **森林数量和位置的变化**：森林范围发生了移动。为了寻找更有利的条件，许多森林正在向北或向南、向两极或更高的海拔迁移。在已经非常干燥的地区，无法迁移的森林有完全消失的风险。潮湿地区也受到影响：海平面上升对海岸上的森林造成了威胁，尤其是红树林。

:: **森林健康状况的变化**：气候变化可能对林木生长产生影响，具体与其所处地区有关。然而在大多数情况下，森林更容易受到干扰。温度的变化会导致生命周期事件的时间发生变化。例如，开花或成熟等春季发生的事件比以往更早发生，这可能会增加春季霜冻等事件的风险。此外，森林生态系统中的不同生物对气候变化的反应可能不同，这可能会破坏生态系统的功能。

气候变化对森林除了有直接影响之外，还有间接影响。气候变化正在影响森林干扰的频率、强度和时间。这意味着森林将会面临：

:: 更多极端天气事件（风暴、风、雨、干旱、热浪等）；

:: 更频繁、更极端的虫害、疾病袭击和新的非本土物种入侵；

:: 由于干燥、温暖的环境和雷暴等导致的森林火灾发生的概率增加。

观察右图，它显示了气候、干扰和森林退化之间的关系。这是一个封闭的恶性循环，每一个过程都会导致后续过程的增加。这就是所谓的正反馈（尽管在这种情况下肯定会产生消极后果！）。通过这种方式，气候变化影响森林变化，反过来也会加剧气候变化！

干扰>森林退化：干扰越多，森林退化或破坏越严重。

森林退化>气候变化：如果森林遭到干扰，储存在木材和土壤中的碳会被释放回大气中。森林越少，从大气中吸收并储存在树木中的二氧化碳就越少。大气中这种气体浓度的增加会加大气候变化的风险。

气候变化>干扰：气候变化反过来又增加了森林干扰的频率。

如此一来循环又开始了。

气候变化、干扰和退化循环
©青年与联合国全球联盟／Emily Donegan

人类行为

与对森林的自然威胁一样，人类活动对森林既有直接影响，也有间接影响。其中直接影响包括：

- 森林资源的使用，例如木材和非木材林产品；
- 将林地改为农业用地；
- 城镇向森林的扩张；
- 道路等基础设施的建设。

所有这些影响都可能导致森林退化和森林的毁坏。

人类对森林生态系统的功能和整体健康也有间接影响。正如之前讨论的，最重要的间接影响是我们对气候变化的影响。此外，我们排放出的下水道污染物和大气污染物，修建水坝等河流管理系统导致的流域变化，以及为了农业或城市发展导致的森林附近的土壤侵蚀等活动，都是对森林的间接影响。

印度尼西亚Indragiri Hulu的泥炭林中采集的最后一批锯材。为了给油棕种植园让路，这片森林已被清除
©wakx

棕榈油——有什么大惊小怪的？

在不知情的情况下，你几乎每天都能吃到棕榈油，因为它是许多加工食品中的添加成分。（发达国家的人们平均每年能吃掉10千克棕榈油。）棕榈油是从生长在热带的油棕榈果实中提取的，它不仅可以用于食物，还能作为一种可再生能源来充当生物燃料。由于棕榈能以极低的成本生产出大量的油，因此它非常普遍。

那么，既然棕榈油价格低廉且是可再生能源，为什么人们会担心棕榈油的产量？

问题就在于棕榈油太受欢迎了，为种植棕榈的人创造了太多的财富，以至于棕榈种植园比健康的雨林还值钱。因此，人们砍伐了许多雨林来开辟棕榈种植园。在印度尼西亚和马来西亚，每分钟都有6个足球场大小的森林被砍伐，而为棕榈种植让路。

资料来源：www.saynotopalmoil.com。

森林砍伐导致气候变化，还会造成空气污染，危及动物和人类健康。不仅如此，森林砍伐正在摧毁我们在前面章节中了解到的许多神奇物种赖以生存的家园。例如，苏门答腊猩猩在过去20年中，已经失去了90%的栖息地，并成为了濒危物种之一。而导致这一切的原因就是因为棕榈种植园。

一位农民手里拿着一串成熟的棕榈果，准备加工成棕榈油
©粮农组织／Ami Vitale

森林生物多样性受到威胁

由于森林砍伐，森林生物多样性正在以惊人的速度减少：每天有多达100种森林动植物物种消失（灭绝），其中许多物种我们至今还不太了解，以后也永远不会知道。

世界森林总面积的36%被原始森林覆盖（原始森林是由原生物种组成的森林，自然生态过程没有受到人类活动的显著干扰）。原始森林拥有世界上最丰富的物种和多样的生态系统。由于前面提到的威胁，在过去十年中，它们减少了4 000多万公顷。

国际自然保护联盟（IUCN）是一个测量物种数量（动物数量）和分布（它们生活的地区）并决定该物种是否受到威胁的协会。该项目被称为“红色名录”——详见第137页的“焦点关注”框。目前，国际自然保护联盟濒危物种红色名录上有28 235种已确认的森林物种，其中有7 599种受到威胁；换句话说，超过1/4的森林物种面临灭绝的威胁！此外，这些物种中有22种已在野外灭绝（它们只在动物园或圈养环境中发现），166种已全部灭绝。

资料来源：国际自然保护联盟濒危物种红色名录。

离你最近的森林生物多样性受到威胁了吗？

如果受到了威胁，最主要的是什么？

森林砍伐

什么是红色名录？

国际自然保护联盟濒危物种红色名录是全球物种保护状况最全面的信息来源。它目前拥有超过48 000种不同物种的信息，包括物种分类、地理范围、种群数量和威胁。这些数据由全球数千名专家收集，是影响保护决策、通知基于物种的保护行动和监测物种进展的极其有用的工具。

国际自然保护联盟
濒危物种红色名录

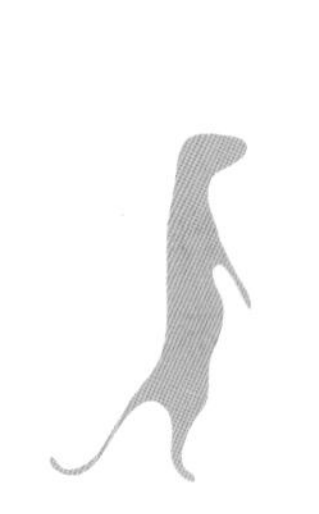

每天有多达
100
个 物 种

灭 绝

森林减少的后果

森林退化和砍伐会导致生物多样性的丧失和自然生态系统的破坏，这不仅对自然有害，破坏森林还会对森林赖以生存的人类造成严重后果。正如我们在前面几章中所了解到的，我们依赖于森林生态系统提供的服务和森林产品来获取幸福感，因此森林减少事关我们的生存！一些群体，包括一些原住民，特别依赖森林资源来建造房屋和寻找薪材或食物。总之，森林的损失或退化可能会对以下方面产生重大负面影响：

- 人民的福祉；
- 人民收入；
- 环境。

然而，健康的森林具有很强的恢复力，随着时间的推移，它们可以从压力或破坏中恢复。森林再生实际上可以增加植物和动物的多样性，并有利于建立最适合该特定环境的物种。因此，从生态学的角度来看，暂时失去树木并不总是一件坏事。然而，人类长期持续的破坏降低了森林对自然威胁的恢复力，使它们更容易受到不可逆转的破坏。在下一章中，我们将了解世界各地的团体正在做些什么来帮助森林再生，并使它们不断变强以应对变化。

菲律宾这片森林采用辅助自然再生（ANR）方法进行森林再生
©粮农组织／Noel Celis

结论

造成森林减少和退化的因素很多。从干旱、雪崩、火灾和洪水等自然灾害，到人为污染、气候变化和入侵物种的引入，森林面临许多急需解决的问题。我们星球上的森林注定要灭亡，这一切似乎有点势不可挡。但事实并非如此！为了更好地保护地球上的森林，我们必须改变人类的做法。让我们在接下了的E部分深入探讨我们可以做些什么来帮助保护森林。

部分

7 森林的管理

8 森林的未来

9 森林和你

厄瓜多尔亚苏尼国家公园的牛轭湖
©Geoff Gallice

7 森林的管理

我们怎样才能更好地保护地球上最宝贵的栖息地和维持自然资源的供应呢？如何可持续地管理森林？

森林对我们的生存如此重要，而且它们会遭受自然和人为因素的冲击，我们需要思考如何管理和保护森林。森林提供了许多有价值的生态系统产品和服务，因此妥善管理森林很重要。本章主要探讨未来可持续管理森林的最佳方式，包括不同的森林管理技术。

文化故事

为什么把人类的死亡比作香蕉树

这是一个来自马达加斯加的古老创世故事：

香蕉树和所有其他植物一样，不是不朽的，但由于新一代的出现，它的生命仍然存在于世界
©粮农组织／M.Bleich

生与死有多种形式。许多年前，上帝问地球上第一个男人和女人关于死亡的问题。他提出了一个不同寻常的问题："你想像月亮一样死去还是像香蕉树一样死去？"

女人和男人都不明白，所以上帝解释说，"月亮过着周期性的生活：每个月它都会凋零死去，然后慢慢复活。香蕉树是不同的。当它死去后不会复活。但在它死去之前，它会发出嫩芽，它的后代会在它的位置上继续活下去。你喜欢像月亮一样每个月复活，还是让你的后代们代替你活下去，就像香蕉树一样？"

男人和女人花了很长时间考虑他们的决定。

如果他们想像月亮一样永远活着，他们就不会有孩子。这将是一种孤独的生活，没有其他人来教导、爱他们，或帮助他们工作。最后，他们决定像香蕉树一样硕果累累。于是在他们的一生中，女人和男人有很多的孩子，他们非常幸福。

在第一个男人和女人之后生活的几代人已经在地球上传播了很多爱和生命。但根据第一个女人和男人的意愿，每个人在地球上度过的时间都是短暂的。死亡时，人体就像香蕉树一样死去。

资料来源：http://spiritoftrees.org/why-death-is-like-the-banana-tree。

森林管理

为何森林管理如此重要？

树木、森林和森林管理的一些特殊性使得规划森林的未来特别具有挑战性和重要性：

- 树木和人的寿命截然不同。树木生长得更慢，寿命是我们的2～10倍。这意味着森林管理者必须考虑（非常）长期的需求，而不仅仅是眼前的需求。
- 森林是属于每个人的公共财产。世界上大部分森林（80%）为公有。这对我们而言是好事，因为它能使许多人从中受益。但同时也是一个挑战，因为许多不同的参与者有权维护自己的利益或需求。有关森林权利的更多信息，请参见第146页。
- 森林管理业务需要资金。管理森林可能代价高昂。一些成本可以通过出售木材或其他森林产品来抵消，或者允许人们有偿使用森林及其资源，比如人们在国家公园停车、露营或徒步旅行。

乌干达的一家人在采集咖啡浆果。政府引入了可持续森林管理，使当地社区能够获得森林资源

©粮农组织／Roberto Faidutti

想一想

如果你居住的土地或房子被夺走了，你会有什么感觉？

当森林被夺走时，你认为那些以森林作为生计的人会有什么感受？

拥有森林的权利意味着什么？

所有人都有权利。权限是权利的原则，这意味着拥有权利的人有权获得某些东西。

如果你有权拥有林地或森林资源，那么你可以使用或决定这些土地及其资源。

说到森林，不同的人有不同的权利。有些人可能拥有森林的**所有权**，这使得他们可以把森林及其产品卖给任何他们想要的人。其他人可能有**使用权**，允许他们使用和收获森林资源。这些不同的权利之间可能存在冲突。

法律承认的权利被称为“法定权利”，通常比正式法律制度不承认的权利更容易维护。这是因为，如果一项法定权利受到侵犯，那么评估和解决争端的法律制度已经到位。然而，大多数原住民只有非正式的、非法律的“**习惯权利**”来使用土地，因为他们在土地上生活的时间比其他任何人都长。因此，如果土地被合法出售给其他人，而这些人开始使用森林资源或完全清除森林，原住民将失去他们生存所需的资源，甚至可能失去自己的家园。

为了防止这一问题，在森林资源管理中必须承认两种类型的权利（习惯权利和法定权利）。

人类对森林的影响

作为人类，我们对森林的影响取决于所使用的管理方法的类型以及对森林的管理程度。

为了帮助森林管理者（以及其他对森林感兴趣的人）之间的交流，联合国粮农组织的森林资源评估使用以下5个森林类别对森林进行分类（也要记得第18～19页的原始森林分类）。它们基于人类对森林影响程度递增的关系：

1. 原始森林

没有任何人类活动改变的森林。

©ganmed64

2. 改良天然林

在有限人类活动（主要是自然再生和单株伐木）影响的区域内，自然生长植物的森林。

©Andy Arthur

3. 半天然林

在密集的人类活动（如辅助再生、伐木、间伐）改造的区域内，自然生长植物的森林。

©国际热带农业中心, Neil Palmer

4. 种植森林

有自然生长的, 也有人工引入植物的森林, 呈现出特定几何排列的图案（相同年龄的树木按一定距离种植）。

©美国农业部林业局, Steven Katovich

5. 其他土地

植被退化严重的土地，不再被视为森林（但仍有零星树木）。

©Dirk van der Made

1 最天然

我们还可以将这些类别视为森林“天然性”的程度尺度

5 最不天然

各类型森林的分布范围

根据第147页描述的分类，对不同类型森林的分布范围，科学家们有了一些有趣的发现。2010年全球森林资源评估指出：

- 森林面积40多亿公顷，覆盖了地球陆地面积的31%。世界上有5个国家占据了超过一半的森林面积，包括俄罗斯、巴西、加拿大、美国和中国——不难看出，这些都是相当大的国家。
- 原始森林占世界森林的36%。原始森林尤其是热带雨林，是世界上物种最丰富的森林，生活在其中的植物和动物物种数目也最多。
- 人工林占世界森林的7%。2000—2010年，人工林的面积有所增加，预计未来还会增加。
- 世界上大多数森林（57%）都是经过改造的天然林，它们在没有人类帮助的情况下自然生长，但仍显示出一些人类活动的迹象。

我们可以使用这些分类来帮助我们制定相应的管理手段。例如，我们可以将某一森林保持在特定的天然度并进行相应的管理，还可以根据这些类别来保护森林或某个区域：针对1类，我们希望维持森林的原始特征，并确保禁止任何人类活动。而对于2～3类，其自然资源的开发应该受到严格禁止以及或多或少的限制，但另外的区域可以向公众开放用于娱乐。森林的自然程度也可以决定我们为每一片森林设定的优先级。

规划：优先考虑我们想要从森林中得到什么

根据不同人的需求，森林提供给我们的重要资源有许多不同的利用方式。

有时，森林地区可以同时满足不同人群的需求。例如，保护流域的人群通常与保护野生动物的人群需求相一致。但大多数情况下，管理森林时同时满足不同人群的多种需求是不可能的。例如，保护生物多样性的同时无法满足最大限度地从同一地点砍伐木材！最好的替代方案可以为森林的不同部分设置优先级。优先级（有时也称为“森林管理目标”），通常反映第150～151页所列的功能之一。（接下来还能看到全世界因特定原因而受到保护的森林所占比例。但是这些比例加起来并不是100%，因为有些森林因其他原因被优先考虑。）

按照优先度森林用于：

©Christian Ziegler

©粮农组织／L. Dematteis

资源生态林

保护这些森林的目的是保护其独特的环境，以便许多不同的动植物能够找到满足其生态需求的栖息地，从而保护生态系统中的生物多样性。

生产林

生产林被人们用来生产商品，包括木材和非木材森林产品。

我们可以用各种不同的方式利用森林，要考虑各种各样的资源，以及大量的人群。做出决策并不是一件容易的事，尤其是在某些选择与其他选择不可兼得的情况下。

©粮农组织／Rosetta Messori

©Augapfel

©粮农组织／K. Pratt

保护林

保护林对于保护土壤、流域和人类基础设施（如道路和房屋）免受侵蚀、空气污染和自然灾害十分重要。

社会经济效益林

森林产生的社会经济效益为那些将其用于户外娱乐、旅游和教育的人，或仅仅欣赏其文化或精神价值的人提供好处。还有从事与森林有关的行业的人，能直接依靠森林获得经济福利。

多用途森林

多用途森林的管理是为了实现多种用途和价值，结合了上述两种或多种功能。

例如，砍伐树木可以带来好处，包括增加当地就业机会、提供建筑用木材，还可能有新的农业用地。但是这样做也会破坏当地野生动物的狩猎场和栖息地。砍伐树木还可能造成土壤侵蚀，阻碍作物生长以及破坏原住民赖以生存的森林家园。

记载

人们砍伐森林树木有重要的经济原因；伐木通常是为了其他目的而清理土地，如种植作物或放牧动物，这样的话土地价值会更高。当伐木以可持续的方式进行时，它提供了重要的好处，比如为人们提供就业机会，以及建造房屋所需的木材等资源。

如果伐木是不可持续的，就会对森林造成毁坏。这张照片展示了菲律宾的森林砍伐情况。

在洪都拉斯，工人们剥下树皮和方形树木块，准备运往一家工厂
©粮农组织／L. Dematteis

用刀耕火种的方法清除一部分森林
©粮农组织／Noel Celis

可喜可贺的是，森林是可再生资源的家园。可再生资源一旦被使用，就具有非凡的自我替代能力。森林还能以木材、薪材和生物燃料的形式存在，这就说明它是可再生资源。以圣诞树为例，每年专门管理的种植园会砍伐数以百万计的圣诞树。但是同样还种植了新的树来替代被砍伐的树，我们可以年复一年地继续使用圣诞树来庆祝节日。因此，森林管理的基础是确保我们能以可再生的方式使用森林资源：如果我们不种植被砍伐的那么多的圣诞树，它们最终会被耗尽。虽然我们的生存并不取决于具有装饰作用的圣诞树，但却取决于许多其他的森林资源。圣诞树的例子适用于其他所有类型的森林资源：我们应当提前考虑未来几年的需求，利用森林的自然更新能力，来影响现在的森林管理活动。

美国的圣诞树种植园

©美国农业部自然资源保护局

可持续森林管理

一片森林，八方关注

观察这幅插图。它展示了森林可以支持的许多活动。

这些活动有些什么？森林产品能满足谁的需求？谁来决定进行哪些活动，哪些不进行？这些决定是如何做出的？

森林困境
©粮农组织／Jared C. Crawford 和 Louise E. Buck

无论优先使用什么方式保护森林，森林的可持续管理都很重要。

这一原则被称为可持续森林管理。

“可持续性”意味着能够长期维持某些东西。因此，可持续森林管理可以被描述为一种管理系统，旨在维持现阶段和未来的森林生态系统所包含全部物质的健康，包括植被、土壤、水和野生动物。可持续森林管理平衡了森林的保护和利用。它确保来自森林的产品和服务满足今天人们的需求，同时确保森林资源的可利用性，以供未来的长期发展。更重要的是，子孙后代能够享受我们今天从森林中获得的利益。

但森林管理者是如何判断森林是否健康和可持续的呢？他们使用了一套在地区和全球范围内制定的标准。联合国粮农组织制定了有关森林健康和可持续性问题应使用的7项广泛标准。这些标准中的每一项都有指标，可以用来衡量每个国家或地区的森林管理是否符合标准。

具体包括：

1.**森林资源的范围**——森林所包含的内容。

2.**生物多样性**——森林中的物种数量。

3.**森林健康和活力**——森林生态系统是否正常运转。

4.**森林资源的生产功能**——森林提供的木材和非木材林产品的数量（生态系统产品）。

5.**森林资源的保护功能**——森林提供的生态系统服务。

6.**社会经济利益**——人们可以享受的利益，如工作和娱乐。

7.**法律、政策和体制框架**——如何管理林地和资源。

各个国家都有可持续森林管理方案，并监测他们在实现可持续森林管理方面取得的进展。他们向联合国粮农组织全球森林资源评估和《生物多样性公约》（CBD）等国际进程报告具体标准的结果。你可以在这里找到关于这两个国际组织的更多信息：www.fao.org和www.cbd.int。

通过平衡社会、经济和环境为目标，全球森林组织帮助各国以可持续的方式管理其森林，以便今世后代都能享受地球森林资源的好处。这些组织旨在提高可持续森林和野生动物管理方面的知识，以便：

- 保持森林生产木材和非木材森林产品的能力；
- 维持野生动物种群；
- 保护生物多样性；
- 保护野生动物栖息地；
- 缓解气候变化；
- 保护土壤和流域。

有关这些标准及其指标的更多详细信息，请阅读《自然调查》的《世界森林版》（第15期）。可在线访问www.fao.org/forestry/29094-01972c285fac 04157a542a1fbe2310a6a.pdf。

达到理想状态

在达成一致并设定明确的目标（如前面提到的目标）之后，是时候探索不同的选项以达到并维持森林的理想状态了。一是通过推动或阻止某些行为（例如，通过提高对森林生态系统重要性的认识，或引入一项防止砍伐树木的新法律）间接采取行动。另一种选择是直接按照自然规律改变森林结构和组成。这些干预措施的规模各不相同。它可以非常小，只涉及几棵树；也可以非常大，涉及森林中的大片区域。让我们来看看森林管理者使用的一些技术。

想一想

除了森林之外，还有哪些东西需要以可持续的方式进行管理？

可持续森林管理考虑社会、文化、精神、经济和生态方面
©粮农组织／Sean Gallagher

林业技术

森林由森林专家管理，他们通过在学院或大学学习一门叫做“林业”（也称为造林）的学科来获得专业知识。林业专业的学生学习森林生态学，学习森林如何生长并与周围环境相互作用，以及学习建立、管理、使用和保护森林的艺术和商业价值。造林原理可以应用于森林管理的同时考虑多种利益。其最终目的是维护森林，使它们可以在未来创造更多的价值。

森林规划

©粮农组织／Ch. Errath

为了能够正确管理森林，森林专家需要大量有关森林的信息：

- 树木的大致数量和树龄；
- 存在的树木物种；
- 生活在森林中的其他动植物物种的数量；
- 人类影响的程度；
- 砍伐或保护森林的最佳选择。

让我们看看林业工作者用来收集这些信息的一些技术。

树的性质

为了更好地了解森林的状态，森林学家们研究了以下特性。

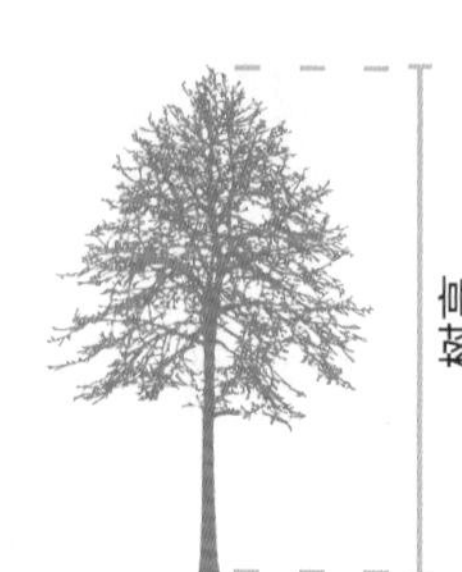

冠盖

你还记得我们在A部分对森林的定义吗？如果不记得，这里再次提醒：一组树木要被视为森林，它们必须至少有10%的冠盖率。

我们如何测量冠盖？一种方法是使用航空照片来计算有多少土地被树木覆盖。这些照片是以俯瞰森林的方式从天空（或太空）拍摄的。

然而，一项惊人的新技术与测量冠盖的角度相反。它被称为“半球形摄影”，是当森林管理员站在森林地面，仰拍树冠的鱼眼照片创建的。这张照片显示了有多少光线照射到地面上！它还允许我们测量不同季节的一天中不同时间的光线。

德国巴伐利亚森林的半球形（或鱼眼）照片
©Wegmann

树高

要将一组树视为森林，平均树高至少达到5米。然而，树木可以长到100米高！这么高可不能用尺子测量，那么我们如何测量一棵树的真实高度呢？林业工作者使用一种叫做三角学的数学技巧，他们不需要带着一把巨大的尺子一路爬到树梢就可以测量树木。计算树高所需的工具只有一根棍子或一把尺子、一个量角器和一个具有三角函数的科学计算器（或者你可以使用像这样的在线计算器：http://web2.0calc.com）。

为什么不看看这个图表，看看它是如何测量的，然后自己试一试呢？

计算高度的三角方程为：

$$X(\tan\theta)=Y$$

? 想知道这个高度“Y”的值

① 用量角器测量角度“θ”
例如：θ= 30°

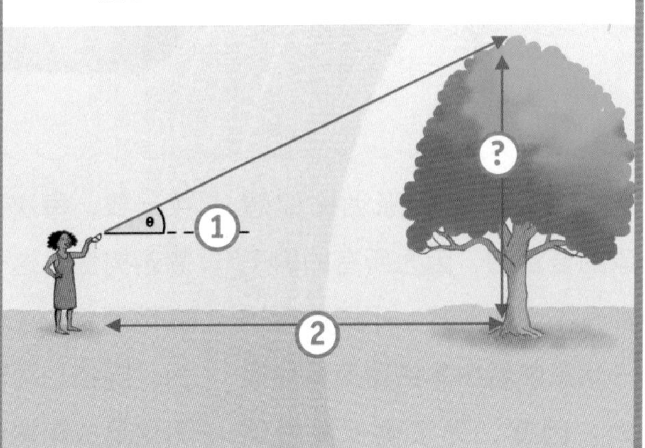

② 用直尺测量长度“X”
例如：X= 9米

接下来使用科学计算器和上面的三角方程得出：
9（tan30°）= 5米
所以例题中的树高为5米！

测量树高的方法
©青年与联合国全球联盟／Emily Donegan

树宽

知道树木的宽度很重要，这样我们就能知道哪些树木应该砍伐，哪些应该留着生长。有时，对于在特定区域可以砍伐的树木大小有一些规定；这些规则通常包括最小树宽。

测量树宽

©粮农组织／Guilio Napolitano

测量树宽实际上比你想象的要复杂，因为所有的树干都有不同的形状。不同的树干形状意味着树木的宽度差异很大。因此，为了确保测量结果一致，每次都要在特定高度测量树宽。这个特定高度在距离地面高1.3米的位置，被称为“胸径”（简称DBF），因为这是成年树的平均胸径。用卷尺测量树干距离地面1.3米位置的宽度就可以得到胸径。为了求出直径，你必须将这个数字除以π（四舍五入，取3.14）。何不自己一试？

树轮

树轮不是戴在手指上的木质首饰（译者注：英文的树轮为ring，还有戒指的含义）！事实上，树轮是我们在树干上看到的圆圈。你以前注意过吗？每年当树木生长时，它会在树干上增加一个新的年轮。这意味着我们可以用树轮来判断一棵树有多大。树木年轮还为我们提供了许多关于树木生命的其他信息。让我们看看树轮的不同性质：

宽度——树轮的宽度告诉我们这棵树在哪一年生长了多少。一个宽的环意味着这棵树长了很多，而一个薄的环意味着这棵树几乎没有长多少。为什么树木在不同的年份生长量不同？主要是由于天气：如果树木获得足够的水分和阳光，那么它将能够茂盛生长，但如果出现干旱或树木处于阴凉处，那么它将生长缓慢。害虫也会影响树木的生长：一年里若有许多虫子攻击树木，树木会将其能量和资源用于抗击入侵者，而不是用于生长，这意味着有害生物年的树轮将很小。

疤痕——年轮上的疤痕表明树受到了一定的压力；这可能是由于害虫，甚至火灾。

形状——树轮是圆形的、椭圆形的，还是偏离中心的？不同的形状可能代表树木弯曲或被另一棵树、岩石甚至篱笆挤着。

树干横截面上的树木年轮
©Arnoldius

注意，一些树木，例如生长在热带和亚热带气候中的树木，每年可以形成一个以上的年轮（甚至每年多达20个非常薄的年轮！），因此，单用这种方法很难判断树的年龄。然而，在有不同季节的温带气候中，年轮的形成更为明显（树木在夏季生长得更多，然后在冬季停止生长，形成了明显的年轮）。

自己试一试吧！下次你看到树桩时，试着数数树轮！那棵树被砍倒的时候有多大了？从年轮中你还能发现关于这棵树生命的什么其他信息？试着画一画吧！

森林生物多样性

要知道如何爱护森林中的生物——树木、其他植物、动物和真菌，首先有必要知道那里到底有什么！我们该如何衡量森林中的生物多样性？

采样

如果我们让你数一数亚马孙雨林中的每一棵树，你会怎么说？可能是“不！”想象一下，数完5 000亿棵树需要多长时间！数每棵树花的时间太多了。科学家和森林专家称之为“采样”的技术是一种更先进、更科学准确的替代方法。他们只需要计算一小块区域内的树木，这片区域可以代表森林的其余部分。你可以对上述提到的任何性质进行采样。例如，可以测量某个区域的冠盖，并假设相似区域具有相似的冠盖。采样有助于节省时间，也意味着森林工作者可以在更大的区域工作。然而，必须小心的是，你只能将你的发现从你的样本推广到与之相似的领域，否则你会得到误导性的结果！为了使结果更准确，科学家一般总是对一片森林的几个区域进行采样，并计算其平均值，以得出更能代表整个森林的总体结果。

热带雨林树冠样本，秘鲁马德雷德迪奥斯大区
©Geoff Gallice

美国西弗吉尼亚州，森林秋色背景
©森林漫步

数昆虫

昆虫是小而神秘的生物。计算一个地区不同物种的数量是非常困难的。而测量一棵树上所有昆虫多样性的一种方法叫做“雾化”。

林务人员在树下放置一张很大的纸，然后向树冠喷上昆虫杀虫剂，这样的话，所有昆虫就会从树上掉下来并落在纸上。之后，林业工作者会计算纸上昆虫的数量，并确定它们的所有种类。有时他们甚至还能用这种方法识别新的物种。雾化是一种采样技术——是在一棵或几棵树上进行，并假设同种树包含相似数量和物种的昆虫。

想一想

不幸的是，喷雾通常会杀死被计数的昆虫，所以它不是最有利于生物多样性的方法！

你能想出其他能够准确采集昆虫，但又不伤害它们的方法吗？

森林行动

天然的森林是呈动态的，这意味着它们在不断变化。野火或风暴会造成巨大的缺口，使新的植物能够在这些地区定居。一棵树的死亡（由衰老、疾病或对养分、空间和阳光的竞争引起）则会造成小缺口。有时，林业工作者试图通过森林管理行动模拟这些重大和小型事件的结果。以下是一些用于改变森林外观和特征的技术：

©Doug Waldron

©美国农业部林务局/Brian Lockhart

©Eli Sagor

©粮农组织/F. McDougall

伐尽

一次性清除某一区域内的所有树木。这种行为可以创造出一大片开阔区域，类似于森林火灾的影响。在许多国家，伐尽受到法律的限制，因为它会对生态系统产生巨大影响。

选择性砍伐（组/单个）

在这种技术中，会选择性地移除个体或小群体的树木。通常情况下，人们一般砍伐质量较差的树木，以便为更大、更具商业价值的树木提供更多空间。当这些树长得足够大时，就可以收割了。

防护林

这种砍伐的目的是在几年内清除老树，从而为年轻树让路。鼓励树木繁殖的同时还应该保留一些老树，因为它们可以为脆弱敏感的新幼苗提供初始庇护和遮阴，直到它们足够强壮，能够独立生长。

辅助再生

这项技术确保了临时裸露的土地再次被植被覆盖。人类通过干预来促进和加速植被的建立（通过母树种子或种植新物种）。

结论

在前面的章节中，我们已经了解到了森林的多种用途，尤其是在了解了可持续森林管理以及这种方法可以为今世后代带来的好处之后，同学们应该明白了为什么我们需要一个良好的森林管理。

良好的森林管理是建立在准确全面的数据基础之上的。因此，林务员会使用一系列技术来测量森林的相关数据，然后再使用这些信息指导一系列森林工作。测得全面的数据并选择适当的管理方法之后，森林的管理方式会变得越来越科学、可持续性会越来越强，我们也会看到一个更加健康的森林。

厄瓜多尔南部，拉古纳昆帕克，Ninja-Posing Niños

森林的未来

8

很多国际和地方层面正在努力地保护和养护森林资源。这是多么鼓舞人心的事啊！

森林正在遭受破坏。森林砍伐和森林物种的消失正以惊人的速度发生着。我们应该做些什么来确保我们的后代们也可以享用森林资源呢？

文化故事

苏斯博士的《罗拉克斯》

《罗拉克斯》是一个告诫我们要竭尽所能地保护森林的故事。

一天，一位来自贫穷破败小镇的小男孩来到了一个荒无人烟的地方，无意中遇到了奇怪的文斯勒先生，小男孩好奇地问道：这里发生了什么？为什么如此荒凉？文斯勒若有所忆地说道："这个小镇本来不是这样的。"当文斯勒第一次到达那里时，他看到的是一个美丽的原始山谷，里面有很多快乐、顽皮的动物，它们整天都在长满"松露树"的森林里嬉戏。这些松露树有很多宝贵的资源，文斯勒想着：他可以用这些资源来编织"丝料"，然后再用这些丝料生产衬衫、袜子、手套、帽子、地毯、枕头、床单、窗帘、座套等其他东西，这将会是一个多么了不起的发明！因此，他砍掉了其中一棵树。

当他砍倒第一棵树时，松露树的树桩上出现了一只名叫罗拉克斯的小精灵。罗拉克斯告诉文斯勒，他是在为不能说话的树木发声，并告知了文斯勒砍伐树木的严重后果，但是文斯勒并没有搭理他，而是把他所有的亲戚都叫来织布厂工作。

随着丝料产业的扩张，越来越多的松露树被砍伐，曾经美丽的地区被污染淹没。森林变得不适合居住，因此罗拉克斯将动物们都带走了，带到别处去寻找更好的栖息地。时过境迁，文斯勒终于砍倒了最后一棵树。树木消失后，罗拉克斯也离开了。没有原材料，工厂停工，没有了工厂，文斯勒的亲人都走了，只剩下他一个人。

搬家前，罗拉克斯给文斯勒留下了一条信息："除非"这个词刻在石板上。文斯勒思考了这个信息，然后意识到罗拉克斯是在说，除非有人关心这片土地，否则情况不会好转。

文斯勒给了男孩最后一颗松露树的种子，并告诉他种下它，希望有一天男孩可以种出一整片松露树的森林，好让罗拉克斯和他所有的朋友都可以回来继续快乐的生活。

正如我们在前面的章节中所了解到的那样，森林为人类和其他生物体提供了许多赖以生存的材料。即使我们不去改变森林，它们也不会一直保持原样。相反，它们将在生物特征、覆盖范围和物种组成方面发生变化。我们今天为保护世界森林所做的工作对森林未来的发展以及确保我们（以及子孙后代）继续享受和使用森林资源方面具有重要的意义。

在本章中，我们将了解世界各地不同人群保护森林的方式以及他们为保护宝贵的森林资源所做的工作。森林养护工作很困难，因为有很多人在争夺森林的使用权，并且他们以开发森林资源谋生。然而，当从个人到国际组织的各级团体都参与进来时，结果将会是十分乐观的。让我们看看大家都做了些什么吧！

未来还会有森林吗？
©Kyle Pearce

国际层次的倡议

世界上几乎每个国家都存在森林，因此我们为保护森林所做的事情也必须是全球性的，这一点很重要。这也是各个国家和国际组织联合起来，共同努力开展森林保护工作的原因。

许多有价值的树种面临灭绝的风险，例如海岸红木
©Brian Gratwicke

树种保护

大多数人都知道灰熊、老虎或大猩猩等动物物种正面临着生存危机，但是很少有人知道，在这个世界上，有一部分树木也面临着生存危机。《世界濒危树木名录》（1998年）表明，目前有8 000 多种树种（占世界总数的10%）面临灭绝的威胁。

许多重要的经济树种，包括一些松树、橡树、冷杉、雪松、桃花心木和柳桉等树种，由于过度的开发而导致面临生存危机。全世界已经有超过1/6的红树林物种被列入《世界自然保护联盟濒危物种红色名录》。它们受到沿海开发、气候变化、伐木、农业和水产养殖等因素影响，已经面临着灭绝的危险了。

为促进对树种的保护，联合国环境规划署世界保护监测中心 （UNEP-WCMC） 于 2003 年启动了全球树木保护图集，以地图的形式描绘了世界各地面临着生存危机的树种（你可以在这个网址中查看：www.unep-wcmc.org ）。

助力碳储存

正如我们所见，森林是帮助减缓气候变化的重要工具，因为它们有着很强的碳汇能力。可以将碳储存在森林中，而不是让碳以二氧化碳的形式进入大气中，可以预防一些有害的气候变化。

因此，世界各国政府正在齐心协力地开发一个更好地保护、利用和管理森林的系统来确保可以有效地利用森林来应对气候变化。这项措施被称为“减少发展中国家毁林和森林退化所致排放量加上森林可持续管理以及养护和加强森林碳储量”。这读起来有点绕口，所以它也可以简称为“REDD+”。

通过 REDD+，发展中国家获得以下财政奖励：

减少森林砍伐造成的排放（RED）

减少森林退化导致的排放（第二个D）

REDD+

- 保护森林中所储存的碳（包括在“+”中）
- 以可持续的方式管理森林（包括在“+”中）
- 增加森林封存（吸收和储存）的碳储量（也包括在“+”中）

那些已经完成一项或多项行动以减少碳排放并成功保护树木的发展中国家应该得到奖励（重温第87页对支付生态系统服务费用的讲解）。这笔钱是由发达国家提供的，因为发达国家在其国家消费木材和非木材林产品影响到了发展中国家的森林资源，并产生了大量的碳排放。虽然REDD+的一些细节仍有待商榷，但 REDD+项目一直在持续推进中并获得了较为可喜的成果。

可以在此处观看有关REDD+的视频：

www.b-movies.co.uk/films/united-nations.htm。

在哥伦比亚帕米拉附近的热带森林地区进行碳测量，这是由国际热带农业中心主办的 REDD+ 研讨会的一部分

©国际热带农业中心／Neil Palmer

致力于保护森林的国际机构

除了IUCN、UNEP-WCMC和REDD+，还有许多其他国际组织致力于可持续森林管理和养护举措：

联合国粮食及农业组织（FAO）森林计划

联合国粮农组织林业部一直致力于保持社会、经济和环境目标的平衡，以便当下的人们能够从地球森林资源中获益，同时保护森林资源以满足子孙后代的需求。他是政策讨论的中立论坛，是通过科学监测获得森林和树木信息的可靠来源。他还提供专家技术援助和咨询，帮助各国制定和实施有效的国家森林方案。

www.fao.org/forestry/en

www.fao.org/docrep/014/am859e/am859e08.pdf

联合国森林论坛（UNFF）

联合国森林论坛的成立是为了促进所有类型森林的管理、养护和可持续发展，并促进长期的政策实施。联合国森林论坛的成立有助于促进所有联合国成员国之间与森林相关协议的实施，并促进各国对可持续森林管理共同意识的达成。他也提升了森林资源在国际协议的占比，例如千年发展目标（MDGs）和可持续发展世界首脑会议。

欲了解更多信息，请参阅 www.un.org/esa/forests。

致力于保护森林的国际机构

国际热带木材组织 （ITTO）

国际热带木材组织是一个政府间组织，致力于通过监测和促进热带森林资源的可持续管理、使用和贸易来保护热带森林资源。它收集、分析和分享有关热带木材贸易的信息，并制定国际商定的政策文件，借此促进热带森林的可持续管理和保护支持成员国实施相关项目。

欲了解更多信息，请参阅 www.itto.int。

《生物多样性公约》（CBD）

《生物多样性公约》是一项促进可持续发展的国际协议。该公约承认，生物多样性不仅关乎植物、动物和微生物及其生态系统，还关乎全人类和我们对粮食安全、药品、新鲜空气和水、住所以及清洁和健康的生活环境的需求。该公约具有3个主要目标：①保护生物多样性；②生物多样性组成成分的可持续利用；③以公平合理的方式共享遗传资源的商业利益和其他形式的利用。

该公约涵盖了若干跨领域问题和工作方案，包括一项关于森林生物多样性的具体工作方案。2010年，生物多样性公约缔约方大会通过了生物多样性保护的全球总体框架，即 2011—2020 年生物多样性

致力于保护森林的国际机构

战略计划。包含了20项爱知生物多样性目标，其中 4 项涉及森林生物多样性。该战略计划得到全球植物保护战略（GSPC）的支持。

欲了解更多信息，请参阅：

www.cbd.int

www.cbd.int/forest/pow.shtml

www.cbd.int/gspc/strategy.shtml

www.cbd.int/sp

其他与生物多样性有关的公约

除CBD外，还有其他5项促进生物多样性保护和可持续利用（包括森林生物多样性）的重要公约：

- 濒危野生动植物物种国际贸易公约（CITES）：www.cites.org
- 野生动物迁徙物种保护公约（CMS）：www.cms.int
- 国际粮食和农业植物遗传资源条约：www.planttreaty.org
- 拉姆萨尔湿地公约：www.ramsar.org
- 保护世界文化和自然遗产公约（WHC）：www.whc.unesco.or

从他们的名字来看，你认为他们都在关注什么？让我们一起看看他们的网站吧，看看你是不是猜对啦。

民间组织的倡议

许多人非常关心保护森林及其提供的资源，尤其是对于那些将林产品作为生计的人们。

许多民间组织的成立旨在帮助保护森林和生活在其中的人们。

WWF（世界自然基金会）——“零”毁林和森林退化

世界自然基金会认识到了森林在保护生物多样性和支持人类福祉等方面发挥的重要作用。所以它的目标是到2020年实现“零”毁林和森林退化（ZNDD）。这与禁止任何砍伐的“零毁林”不同。人们需要使用森林资源，如果管理得当，森林可以为我们无限提供可再生资源。ZNDD意味着我们可以在通过科学的管理使得树木的整体质量和数量基本保持不变的前提下，合理利用森林资源。

世界自然基金会确定了对实现“零”毁林和森林退化和避免负面后果至关重要的5个关键问题：

1. **生物多样性：**生物多样性是应该优先考虑的宝贵资源！如果森林的生物多样性已经特别高了，则应考虑如何对该森林进行一个周全的保护。然而，当我们为了保护生物多样性较少的森林而不得不破坏另一个生物多样性高的生态系统时，我们就要重新考虑了，考虑怎样对整个地球最有利，而不仅仅是考虑森林本身。

2. **治理：**ZNDD只有在良好治理下才有可能实现（焦点关注：什么是森林治理？）。因此我们必须在尊重人民权利的同时制定和完备相关法律。

3 **市场需求：**我们每个人每次购买东西时都会反映出市场的需求。当我们购买可持续生产的林产品时，我们是在告诉公司我们重视森林。同样，如果我们停止购买不能以可持续方式生产的产品，我们就是在告诉公司要明智地利用森林资源。

4 **生活方式和消费：**我们通过采用“可持续”的消费习惯来帮助森林。我们可以采取减少食物浪费，较少肉食摄入，减少能源消耗等方式助力森林保护。

5 **当地生计：**在推进森林保护的同时我们也必须考虑到以森林为生的数百万人。ZNDD是可行的，但它需要在不同的地方采取不同的策略来满足人与自然的需求。

什么是森林治理？

治理是对如何管理或处理某事的描述。它回答了3个重要问题：

- 我们如何决定谁来制定规则？
- 规则是如何制定的？
- 如果我们不遵守规则会有什么后果？

如果人们不遵守森林保护法，那么这些法律就毫无用处。例如，如果法律允许非法采伐的继续进行，那么禁止在森林中采伐的法律将变得毫无价值。

青少年组织

国际森林学学生会是一个由对森林科学感兴趣的学生组织组成的全球网络。**国际森林学学生会**的成员是来自超过54个国家73个组织的3 000名学生。**国际森林学学生会**是一个完全由学生经营的非营利组织。**国际森林学**学生研讨会是**国际森林学学生会**的主要活动之一（更多信息见第9章，第196页）。

欲了解更多信息，请参阅：
www.ifsa.net/main.php

全球青年生物多样性网络（GYBN）是一个由青年组织和慈善组织组成的国际网络，他们有着共同的目标：防止生物多样性丧失的发生。该网络力求激励全球青年共同努力实现生物多样性的可持续利用和保护，并将他们的意见和立场纳入与生物多样性有关的全球谈判和决策进程，如邀请青年们参与到《生物多样性公约》的缔约之中。

欲了解更多信息，请参阅：
www.gybn.net
www.facebook.com/thegybn

私营企业层次的倡议

保护和支持产品所需的关键资源具有良好的商业意义。例如，如果你制作巧克力，你的两个关键资源是可可树和种植可可树的农民。

雀巢

你吃过Kit Kat、Milky Bar或Lion Bar这三种巧克力吗？雀巢生产许多世界上著名的巧克力零食，这三种就是其中比较有名的。雀巢有个“雀巢可可计划”，它旨在创造出“更好的种植，更好的生活，更好的可可”。

作为该计划的一部分，雀巢在法国和科特迪瓦的研究中心正在努力通过对“加速繁殖”项目的研究来提高可可树的产量和质量。这意味着与普通可可树相比，新型品种将会拥有更早结果、产量更高、更耐干旱、抗病性更高的优点。

该计划的另一部分是农民田间学校计划，可可农民在学校中学习修剪树木、控制害虫以及收获和加工可可豆的技术。农民可以借此接触更为科学的可持续农业技术。学校的课程还可以帮助解决其他国际关注热点，例如童工、儿童教育、艾滋病和环境问题。雀巢与当地的非政府合作伙伴合作去推进这些计划的实施。

欲了解更多信息，请参阅：www.nestlecocoaplan.com

巴西，一名工人拆开新收获的可可果实来收集可可豆

©粮农组织／K. boldt

社区层次的倡议

当地社区可以做很多事情来保护他们所在地区的森林。比如提高当地社区居民对森林重要性的认识，让每个人都思考森林问题。圣文森特（St.Vincent）和格林纳丁斯（Grenadines）的广播节目所做的事就是为了达到此目的。下文是对圣文森特和格林纳丁斯的广播节目的介绍。或许你也可以尝试编写自己的广播节目来提高周围群众对森林问题的认识。

丛林混战：加勒比森林、朋友和敌人

西莉斯特·查理安迪（Celeste Chariandy） 加勒比自然资源研究所

丛林混战是一部关于圣文森特（St.Vincent）和格林纳丁斯（Grenadines）森林生计和可持续性问题的迷你广播剧。它在英语广播节目“丛林谈话”中每周播放一次，为期一个月，这是创新公共教育和外展计划的一部分。它帮助人们了解岛上森林面临的一些问题。

故事的梗概在接下来的几页中给出。故事结尾提出了几个问题，以帮助大家考虑森林管理问题。你会怎么回答呢?

梅维斯（Mavis）是单亲母亲。她尽力维持生计，用森林的种子制作珠宝。一天，她在收集种子时，被一场森林大火困住，脚踝受了伤。林务官布赖恩（Brian）救了她。

塞尔温（Selwyn）是住在森林里河边小屋的居民。他忠实的狗普波赛（Poopsy）

最近被猎人砍死。当塞尔温去当地的酒吧消愁时，碰到了杀死普波赛的猎人雷金纳德（Reginald），而雷金纳德则在大笑，多么鲜明的对比啊。

帕特（Pat）护士是首席森林官员的妻子，正在帮助组织一个“社区大篷车”活动。该社区活动旨在帮助森林机构完成工作。正好碰上了在医院检查脚踝的梅维斯（Mavis）便鼓励梅维斯也参加。

与此同时，布赖恩调查火灾。他看到了塞尔温的小花园，并警告塞尔温不要污染河流。塞尔温只是一个自给自足的农民，因此，布赖恩意识到大火是由一个试图让野生动物离开它们的洞的猎人造成的。塞尔温怀疑是雷金纳德设置的。他说雷金纳德认为他可以侥幸逃脱，是因为首席森林官是他的姐夫。

雷金纳德拜访帕特，对大篷车大笑。帕特告诉他停止无意义地屠杀野生动物。雷金纳德说，只要他有客户，他就会继续供应他们。帕特说，他的态度让她坚定了帮助“社区大篷车”取得成功地想法。人们必须意识到他们是在为后代管理森林。

后来，布赖恩找到了雷金纳德。雷金纳德的态度让他很吃惊：他居然大胆地承认了纵火。于是布莱恩逮捕了雷金纳德。“社区大篷车”活动顺利举行，梅维斯为她能参与其中而感到十分高兴。人们也夸赞现在林业部门和其他人的工作很有意义。帕特很高兴，因为大篷车传递的可持续利用森林维持生计的气息的接受度很高。塞尔温则因为逮捕了她的兄弟而怀有歉意，但是雷金纳德对森林造成了很大的伤害并且不知悔改，必须要让他受到惩罚。

这个故事中的哪些人物对森林资源的保护持有积极态度，哪些人物又是消极态度呢？你认为中立的人将来会采取积极的态度吗？如果会的话，又会如何？

焦点关注

你最喜欢哪个角色？

《丛林混战》由加勒比自然资源研究所（CANARI）与民间投资者圣文森特（St. Vincent）和格林纳丁斯（Grenadines）的林业部门共同制作。该项目由联合国粮农组织国家森林计划基金支持。

欲了解更多信息，请参阅：http://mediaimpact.org/production/bush-melee。

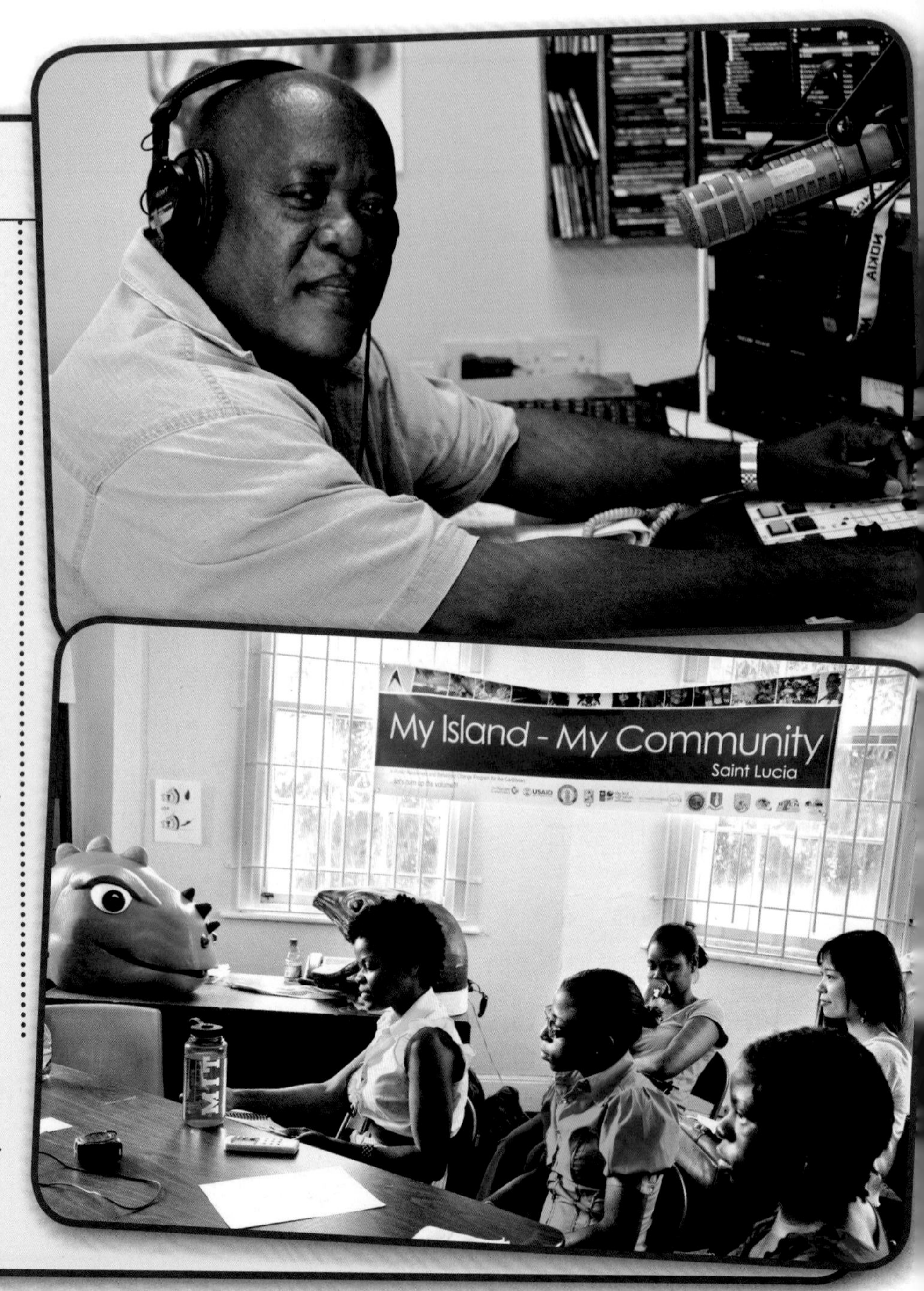

广播剧参与者们讨论杂志的结构，讨论人物简介，并做笔记
©加勒比自然资源研究所

结论

林业问题曾经一度被忽略，但最近它们开始吸引越来越多公众的关注。令人鼓舞的是，公众对森林在支持地方和全球生态系统服务方面重要性的认识正在提高。众所周知，森林不仅是当地生计和国家资源所必需的，也是国际气候调节所必需的。因此，林业服务机构需要解决不同部门（如工业和环保团体）的问题，并更好地将地方需求和国家计划接入国际轨道。未来是否有强大、健康的森林，很大程度上取决于国际社会加强对可持续森林管理的政治、财政、科技支持的能力。这需要当地社区、非政府组织、国际组织和私营企业团体的多方参与和努力。

世界各地有很多人都在不同岗位上努力工作，以确保森林和人类的美好未来。让我们加入他们吧！

刚果民主共和国基桑加尼大学的学生们在植物园中翻看学习笔记
©粮农组织／Giulio Napolitano

9 森林和你！

为什么不创立一个保护森林的项目？

在阅读本手册时了解了森林对地球上生命的重要性，是时候采取行动保护我们星球上的森林了！想想森林面临的威胁，哪一个对你来说最重要？世界各地的年轻人已经成功地创立了很多的项目，以帮助养护森林生态系统和保护它的生物多样性。现在轮到你采取行动了：让我们继续阅读了解一下启动森林行动项目的6个简单步骤吧！

文化故事

未选择的路

Robert Frost（1874—1963）

黄色的树林里分出两条路，
可惜我不能同时去涉足，
我在那路口久久伫立，
我向着一条路极目望去，
直到它消失在丛林的深处。

但我却选了另外一条路，
它荒草萋萋，十分幽寂，
显得更诱人、更美丽，
虽然在这条小路上，
很少留下旅人的足迹，

虽然那天清晨落叶满地，
两条路都未经脚印污染。
啊，留下一条路等改日再见！
但我知道路径延绵无尽头，
恐怕我难以再回返。

也许多少年后在某个地方，
我将轻声叹息把往事回顾，
一片树林里分出两条路，
而我选了人迹更少的一条，
因此走出了这迥异的旅途。

美国西弗吉尼亚州的一条森林小径
©www.ForestWander.com

就像森林中的Robert Frost一样，我们在生活中都有要做出的决定。我们的决定将改变未来，我们将无法回到过去，做出不同的决定或走不同的道路！所以，让我们看看在生活中可以做出哪些选择，来帮助照顾我们的森林吧。

波兰的森林小径
©Dariusz Dembinski

安全第一

无论你身在何处，都可以开展一些森林行动项目。但是，请记住一定要未雨绸缪，确保自己的安全的同时也要确保不会伤害到森林生态系统。就像我们常见的标语所说的那样："只拍照片，只留下脚印。"

请注意以下小事项，并开动脑筋仔细考虑一下可能还会遇到哪些其他安全问题。

- 每次活动后洗手。
- 尊重自然。
- 不要采摘和食用任何植物，因为有些有毒植物看起来与无毒植物非常相似。
- 在采集植物或采花之前，要征求许可，不能采摘保护物种。只带走你真正需要的东西，并确保至少将你想带走的东西1/3留在原地。
- 为你发现的生物画一幅肖像比抓走它更好哦。
- 只在特别允许的地方生火（例如，在露营地的营火坑中，切勿在野外）。准备一桶沙子，以防失火。
- 与动物打交道时要小心、温柔。必要时佩戴防护装置。确保他们有充足食物、水、空气和舒适的住所。完成后，将它们放回你可以找到它们的地方。
- 尽可能回收或重复利用项目中使用的材料。
- 在网络上发布任何内容之前，必须确保已获得图片或视频中出现的每个人的许可。

改变森林的6个简单步骤

这6个简单步骤主要改编自TIG组织创作的《项目手册》，也同时咨询了世界各地的青年英才。

你可以用这些步骤来策划和执行你的森林项目：

1. 认真思考——激发灵感
2. 确定目标——求知若渴
3. 带领并动员他人参与
4. 建立联系
5. 计划和行动
6. 产生持续的影响

在厄瓜多尔亚苏尼国家公园发现的小丑树蛙
©G. Gallice

1 认真思考——激发灵感

认真思考你希望带来的变化，无论这些变化发生在你自己、你的学校、你的社区、你的国家，甚至是整个世界上。思考是谁或什么事物能够激励你采取行动。找出那些能够启迪你灵感的源泉，让它们帮助你找到力量，将梦想照进现实。

2 确定目标——求知若渴

你对哪些问题最感兴趣？收集你感兴趣问题的相关信息，加深对它的认知。告诉自己，你是在为接下来的挑战做准备。

3 带领并动员他人参与

成为一个好的领头者，需要拥有丰富的技能，并且懂得如何提高他人能力。写下你和队友能够为项目提供的技能，思考每个人如何利用这些技能完成不同的分工。记住，好的领袖善于团队协作！

4 建立联系

人脉可以为你提供好主意、获取知识和经验，以及其他对项目的支持。你还在等什么？尽快构建你的人脉地图，并开始联系他们！

5 计划和行动

现在你已经准备好采取行动了，是时候开始认真地计划了……你已经对你想要解决的问题有了一个想法，现在该选定一个你可以为之努力的目标。当你设置好计划，保持积极和专注心态。如果遇到挫折，不用担心，很正常！你会在迎接挑战中学到很多东西。

6 产生持续的影响

检查和评估是管理项目的重要组成部分。在你的整个项目中，你将会想要确定面临的阻碍和吸取的教训。记住，即使你没有达到所有目标，你也很可能影响到了别人，经历了你自身的成长！在项目结束时，你可以重温笔记，思考下一次项目如何从本次项目中吸取经验……即使你自己的项目已经结束，你也还可以试着鼓励其他年轻人参与你关心的森林问题。

1. 认真思考——激发灵感

认真思考你关注的森林问题

花点时间认真思考，森林面临的威胁中哪个对你影响最大？想象一下，如果人类与美丽的蓝色星球及其自然系统和谐相处，那个世界会是什么样子？

考虑一下你想保存、保护和恢复哪些森林植物或动物物种、栖息地或生态系统（第 3 章）。

养护——意味着保护森林生态系统和生物群落的自然功能，以及它们的复原力（它们从冲击中恢复的能力）。这可以通过限制森林提供的自然资源的使用和开采来实现。

保护——你可以通过一系列的活动使其受到政府法律或国际政策的保护，从而帮助保护生态系统或物种。

恢复——恢复是指帮助退化的生态系统或栖息地“修复”到更自然、破坏更少的状态，以便它们能够再次更好地发挥作用。

问问你自己

你想保护受威胁的森林植物物种吗？你想保护或恢复森林栖息地或生态系统吗？你最担心森林面对的哪些威胁？你认识因这些威胁而遭受影响的人吗？其他国家的社区怎么样？

获得灵感

通过了解当地和国际森林领军企业，你会获得一些灵感。阅读本章中青年主导的森林项目案例研究就是一个很好的开始！你还可以在你的家庭、社区、学校或城市中开始寻找当地的森林拥护者。

加入TIG的全球青年网，关注全球问题，与来自世界各地的青年精英、组织和项目取得联系。TIG网址：www.takingitglobal.org。

想一想

使用IUCN红色名录来了解你附近是否有任何濒临灭绝的物种。

想想你能做些什么来帮助保护他们？

访问：

www.iucnredlist.org

案例研究：Rhiannon Tomtishen 和 Madison Vorva

18岁，美国密歇根州

2007年，Madison和Rhiannon通过提高人们对濒危的猩猩的认识度获得了女童子军铜奖。在进行研究时，他们发现猩猩的栖息地（印度尼西亚和马来西亚的热带雨林）因为要为油棕种植园让路正在以惊人的速度被破坏着。本书第135页曾介绍过，棕榈油可以用于从糖果棒到化妆品的所有物品。在她们震惊地发现棕榈油是女童子军饼干的一种成分之后，Madison和Rhiannon觉得应该发起一项运动来保护雨林。于是她们启动了ORANGS项目（Orangutans Really Appreciate and Need Girl Scouts，猩猩真的很欣赏并需要女童子军）。

七年过去了，女孩们通过组织包括请愿书［由著名的灵长类动物学家简·古道尔（Jane Goodall）博士签署］在内的许多活动来提高人们对这个问题的关注。Rhiannon和Madison还与热带雨林行动网络和费城动物园合作，设计了热带雨林英雄徽章，让各个年龄段的女孩都能在这个问题上表示支持并采取行动。

在她们的草根组织被在《华尔街日报》、ABC世界日报和美国国家公共广播电台的国家媒体机构报道之后，Madison和Rhiannon终于与美国女童子军会面了。2011年，美国女童子军宣布了一项棕榈油政策，这是向前迈出的重要一步，但这还远远不够。最终，在她们的努力下，女童子军饼干的生产商在2014年决定在其整个产品生产线中只采用无森林砍伐棕榈油。

项目创始人：Madison和Rhiannon
©http://projectorangs.org

Madison和Rhiannon仍在努力地向全国消费者宣传棕榈油对全球的影响。作为青年，女孩们一直在努力让自己的声音被听到，并向她们的同龄人展示她们的巨大决心和力量。

欲了解更多信息，请参阅：http://projectorangs.org。

2. 确定目标——求知若渴

找出你将要为之采取行动的森林问题

参考你自己对相关问题的看法，缩小范围，并确定对你来说最重要的问题。

制定一套你想回答的问题。下面有一些办法：

- 是什么让这个问题变得独特和重要？
- 关于这个问题，谁受到的影响最大，为什么？
- 这个问题在地方、国家、区域和全球有何不同？
- 已经采取了哪些不同的办法来理解和解决这个问题？
- 哪些团体目前正在努力解决这个问题？
  （考虑不同的部门，如政府、公司、非营利组织、青年团体、联合国机构等。）

将你找到的所有关键资源（组织、出版物、网站）列成清单：

1.
2.
3.
4.

获得信息

通过寻找你感兴趣问题的资源，获取信息。请务必查看本手册各部分末尾列出的链接！你还可以访问TIG的“问题”页面，找到更多的相关组织、在线资源和出版物来获取灵感：www.tigweb.org/understand/issues。

问问你自己

关于我所关心的问题，我还能了解到什么？

案例研究：Robert Massicott

12岁，美国康涅狄格州

当Robert Massicott第一次在学校地理课上接触到雨林生态系统时，就被眼前的景象迷住了。Robert笑着说道“鲜艳的色彩、奇异的动物，真的让我很感兴趣，尤其是蛇类。热带雨林变成了全世界我最喜欢的地方了”。然而，仅仅在书本上研究热带雨林对Robert来说是不够的。在了解了热带雨林面临的众多威胁之后，他决定采取行动去保护它。

Robert创建了一个项目来帮助保护濒危物种。他的项目通过捐赠和出售雨林手镯筹集资金，一举获得成功，并为保护哥伦比亚濒危的雨林的信托基金捐赠了1 200美元。

展示项目的Robert

©www.rainforesttrust.org

厄瓜多尔东部的游蛇

©G. Gallice

3. 带领并动员他人参加
让你的项目走向成功

确定你的技能和特点，这将帮助你带领项目走向成功。从了解自己的优势和需求开始，然后考虑如何创建一个团队帮助你更好地实现目标。领导力还有一个重要组成部分，那就帮助团队成员认识并利用他们自己的优势和才能来完成项目。同样重要的是，要确保所有相关人员和你一样有着努力共同实现的愿景。思考一下，那些表现出强大领导力的人，是什么让他成为一个好的领导者？你可以写下一个领导素质列表。例如：

- 责任感
- 同情心
- 奉献精神
- 公平
- 诚实
- 创新
- 积极主动
- 思想开放
- 响应能力
- 有远见

组建团队，动员他人参与

当你确定了目标之后，你就可以建立一个团队并邀请他人参与进来。从你认识的人开始，然后将项目扩展到他们认识的人，就像蝴蝶效应一样，你的团队很快就会发展起来了！当你准备好行动时，你也可以呼吁更多地区的人们参与。想一想你该如何鼓励他们参与你的项目和你一起解决你最关心的森林问题呢？

列出你拥有的领导技能：

1 ....

2........................

3........................

4........................

列出你想要培养的领导技能：

1........................

2........................

3........................

4........................

说出你已经认识的一些想成为你团队一员的人：

1........................

2........................

3........................

4........................

你的团队成员可以贡献哪些技能？

1........................

2........................

3........................

4........................

案例研究：Sylvester Chisika

肯尼亚

“授之以鱼，不如授之以渔”——这句名言想必大家都不陌生，这句话告诉我们帮助他人解决难题，还不如传授给他人解决难题的方法，让他们重新焕发活力，迈向人生的新境界。在我看来，英联邦林业协会（CFA）已经通过其青年林务员奖励计划掌握了这句话的隐含含义，我就是一个活生生的证据，证明了青年林务员奖是一个令人惊叹的机会！

2011年，我获得了CFA青年林业员奖，我被分配到乌干达的锯木生产补助计划（SPGS），作为为期三个月的实习生。我的任务是通过促进投资激励计划来发展乌干达商业林业部门。我在SPGS学到了很多东西。首先我学会了如何规划林业种植园；其次我积极参加了乌干达各地的社区资源动员和社区交流之旅并从中获得诸多益处；最后在这个完成任务的过程中，我进一步提升了我的研究能力。

CFA点燃的新火焰也激励我在我的社区做出改变。我动员了我家乡的一群年轻人，提出了一个名为“树木再起计划”的项目，其任务是鼓励私人农场所有者在他们退化的农田上建立树木种植园，并提供技术援助和培训。在该项目开始几个月后，当地社区发展基金就有5 700多美元用于项目活动，并有着越来越多的年轻人参与其中。

欲了解更多信息，请参阅：www.cfa-international.org/youth/yfa.php。

4. 建立联系

你也可以通过建立线上联络网来与你素未谋面但志同道合的朋友联系。他们或许与你已经认识的人早就有了联系，那么为什么不创建一个大家共同努力解决问题的联系网呢？这或许会为你带来很大的帮助。

你可以从参加有关森林保护的活动和会议开始。做一点调查，找出你所在领域有什么机会可以让你接触到他们。

列出至少一个你想要参加的活动：

………………………

………………………

………………………

………………………

………………………

………………………

………………………

………………………

森林倡议：将年轻人聚集在一起

有许多计划供你加入或从中获得灵感！这里仅举几个例子：

:: 国际森林学学生研讨会是国际森林学学生会最大的年度会议，为年轻人提供了一个交流知识和分享林业问题兴趣的机会。有关IFSA的更多信息，请点击此处：www.ifsa.net/main.php。

:: 亚洲森林首脑会议正在举行一次青年会议，努力让青年参与林业部门的政策和研究项目：http://www.cifor.org/forestsasia/wp-content/uploads/2014/documents/Youth-session-at-the-forests-asia-summit-key-recommendations.pdf。

:: 世界森林峰会于2013年举行了首届活动，并将成为一年一度的活动，许多有趣的演讲者都会讨论关键话题：www.economistinsights.com/sustainability-resources/event/world-forests-summit-2014。

你还能找到其他什么倡议吗？你想参与哪些活动？

案例研究：森林砍伐行动

——与世界各地的学生一起行动起来！

森林砍伐行动是一项由青年和学校共同发起的全球运动，旨在阻止森林砍伐，并为猩猩和其他在森林生态系统中生活的物种创造永久栖息地。

来自世界各地的学生正在通过TakingITGlobal开发的在线工具、网络研讨会和教育资源合作，学习和分享如何解决森林砍伐问题。各个学校团队开始计划并带动当地的项目，以提高大家对这个问题的关注度和筹集用于支持印度尼西亚婆罗洲的雨林保护和恢复工作的资金。青年、学生和其他关心的人也可以使用Earthwatchers（地球观察者），这是一种在线提供高分辨率卫星图像和测绘工具的森林监测工具，来支持该计划。通过该计划，参与者可以监测到婆罗洲地区土地格局的任何变化，从而为当地的监测工作提供了另一双眼睛。

通过森林砍伐行动，学生能够就全球毁林问题，其与气候变化和生物多样性丧失的关系以及对当地社区的平行影响展开有意义的讨论。

了解更多信息并加入该运动：http://dfa.tigweb.org。

森林砍伐行动
©TakingITGlobal

5. 计划和行动

制定行动计划

当你收集了很多森林面对的主要威胁信息、对你自己的团队进行了充分了解以及明白了建立联系网重要性的时候，便意味着你现在已准备好制定和实施你的行动计划了！

牢记你已确定的主要问题，你希望在你的行动计划中实现哪个目标或理想结果是什么？这里我可以列举一些例子让你思考：

养护

- 防止特定森林栖息地毁林的运动。
- 提高对威胁森林的产品、休闲活动或工业活动的认识。

保护

- 通过一系列活动使一个森林生态系统被联合国教育科学和文化组织认定为生物圈保护区或世界遗产地。
- 倡导将濒危植物或动物物种列入国际自然保护联盟(IUCN)濒危物种红色名录。

恢复

- 组织或参与社区植树日，努力重新种植退化或受损的森林树木。
- 花一些时间帮助当地的森林保护组织。

写下你的目标：

头脑风暴5种可能与你发现的森林问题相关的行动。行动才可以帮助你实现你的目标：

1 ....
2 ....
3 ....
4 ....
5 ....

设计一个任务标语

任务

阐明你希望你的项目实现什么，并以陈述的形式将你的目的用简短、清晰的句子写下来。例如：恢复当地森林中濒临灭绝的鸟类栖息地。

活动

你可以采取哪些行动来实现你的项目使命？例如：种植构成森林下层的本土植物和灌木物种。

细化

现在，仿照下面的表格将你的项目分解为具体的活动、资源、职责和截止日期。详细规划这些活动将确保你的项目取得成功。如果你的目标是恢复当地森林中濒临灭绝的鸟类栖息地，你的表格可能类似于此示例：

活动	资源	职责	截止日期
恢复当地森林中濒临灭绝的鸟类栖息地	:: 地方保护当局 :: 地方议会 :: 本土植物苗圃 :: 热心的朋友和家人 :: 其他资源!	我：咨询当地保护组织，了解种植哪些本土物种。 奶奶：帮我为我们当地的报纸写一篇关于森林更新活动的报纸文章。 卢克和露西：为我们的活动设计海报和传单等。	3月21日，国际森林日

实施

在制定完你的计划之后，就该开始实施你的项目啦！你可以花点时间绘制一个进度图，以便你对当下的行动进行评估。你也可以用图片和视频记录你的项目。

在整个过程中要不断反思总结，如果进展的不像计划那样顺利，请不要感到灰心丧气！计划赶不上变化，因此在确保井井有条地推进计划的同时也要学会保持灵活变通。请把整个体验作为一个学习过程来享受吧！

提高认识

你要制作新闻稿和传单一类的宣传材料来吸引人们的眼球进而让他们关注和了解你的项目。口碑是最强大的营销工具之一。在宣讲时要时刻保持热情让他人印象深刻。推广项目的方法可以是在TakingITGlobal上创建一个项目页面，也可以是将你的项目添加到绿波网站：www.greenwave.cbd.int。

保持动力

一定要保持动力，特别是当你发现自己遇到挫折的时候。记住：每一次挑战都是一次学习机会。运用你的创造力，为每一个挑战想出新的解决方案：在行动中解决问题！

案例研究：JADAV PAYENG——“印度的森林人”

印度，阿萨姆邦

森林人——Jadav Payeng

©Bijit Dutta

“我的努力没有白费，我的生活可能很卑微，但我感到满意的是，我已经激发了许多热爱大自然的人。”

Jadav Payeng - “印度的森林人”

Jadav Molai Payeng从小便居住在印度阿萨姆邦的布拉马普特拉河边。1979年，当他还是个少年时，他看到洪水过后，他家附近的河岸上被冲上来的蛇因为没有树荫而晒死时，他感到非常难过，并决定开始种植自己的森林。他亲手播下每一粒种子，浇灌每一棵生长的树。35年过去了，他共种植了550公顷的森林，其中栖息着很多不同的野生动物。这片森林也被人以他的名字命名成了“Molai森林”，现在栖息着孟加拉虎、印度犀牛、100多只鹿和兔子，以及猿类和多种鸟类，还有着大量的秃鹰。每年还会有大约100头大象造访这片森林，并在此安家大约6个月。Jadav Payeng一个人单枪匹马地为这些野生动物创造了一个生态系统和栖息地，这是多么神奇且励志的事情啊！

6. 产生持续的影响

在每个阶段实时监控你的项目将帮助你更好地应对沿途发生的变化，并产生一些较为深远的影响。制定相关评价指标或衡量标准可以保证你一直在正轨上。你的指标越具体，就越容易进行评估。例如：

目标	指标
恢复当地森林中濒临灭绝的鸟类栖息地	:: 参与项目的人数。 :: 种植本土物种的数量。 :: 作为项目的一部分创建和分发材料的数量。 :: 主要活动过后不久，森林中的鸟巢数量。 （确保你已经学会如何在不打扰鸟类的情况下仔细计算这些数量！）

印度库德雷穆克（Kudremukh）国家公园的丛林、草原和森林。公园面积约600平方公里，是世界25个生物多样性热点区之一
©Karunakar Rayker

案例研究：绿波行动——席卷全球的绿色浪潮

世界各地的儿童和青少年参加绿波节
©绿波网

绿波行动为人们提供了学习和采取行动保护生物多样性的工具。绿波行动的创立旨在帮助儿童和青少年、他们的父母、老师和朋友以及来自世界各地的数百个团体一起了解生物多样性。在每年的5月22日，也就是国际生物多样性日这一特殊日子，绿波行动参与者会聚一起发现生命的神奇之处。当地时间10:00，学校和团体中的年轻人会一起举办活动，以加强对生物多样性的认识。他们会在世界各地创建跨时区的绿色行动浪潮，参与者将活动的照片和故事上传到绿波网上，该网站于当地时间 20:20通过在线地图创造一个虚拟的绿色浪潮从东向西传播到世界各地。自2008年以来，来自至少72个国家或地区的6 000个团体和学校参加了这个绿色浪潮，并分享了他们激动人心的故事。他们不仅种植了数十万棵树，还学会了如何照顾树木及其周边的生命。对于城市地区的青少年和儿童来说，绿波行动为他们提供了一种亲近和了解自然的简单方式。绿波行动也传达了年轻一代的重要心愿："我们想要一个健康的、生物多样性丰富的未来；我们将团结起来，为保护丰富的生物多样性而努力。"

这里有一些来自世界各地参加“绿波行动”的年轻人团体的故事。快来看看吧！

“我们的绿波树名称是培养未来。红树林的成活性好，种子有浮力，适合散水。增加红树林的数量已经被证明可以缓解气候变化。”

国际工业、精神与文化促进组织和丹尼斯拉根小学，菲律宾、奎松市

“我们正在为2013年的绿色浪潮种植未来可食用的树木。今年，我们将重点种植25～30棵可食用树木，为人类和野生动物提供食物。我们希望吸引更多的鸟类、蜜蜂、蝴蝶和其他昆虫，创造一个更健康、更多样化的校园栖息地。我们的研究生将每人种下一棵瓜纳巴纳树，这将成为他们为学校后代留下遗产的一部分。”

波多黎各，卡瓜斯

“我们的绿波树名称是碳捕猎者。这棵树被选为特别受大型食草动物青睐的物种，豆荚具有很高的营养价值，叶子也具有一定价值。它是一种抗逆性很好的物种，能抵抗霜冻带来的伤害，在干旱条件下也生长得很好。”

猎鹰学院，津巴布韦，埃西戈迪尼

“我们的绿波树种是洋蒲桃。它的果实具有清凉作用，可用作夏季水果，尤其是对我们校园里的鸟类而言，更是不可多得的水果。”

2013年的绿波行动，印度

“我们种植了海柚木，这是一种小树，叶子厚实、有光泽、鲜绿色。在新加坡国际自然保护联盟濒危植物红色名录中，它被列为“极度濒危”。这种曾经很常见的植物现在已经变得越来越稀有了，但现在我们的许多沿海公园还都种植着这种树。”

淡马锡小学 新加坡

为地球而生的植物：10亿棵树运动

10亿棵树运动的灵感来自于诺贝尔和平奖获得者、绿波运动的创始人旺加里·马塔伊，迄今为止该运动已在非洲种植了3 000万棵树。当旺加里·马塔伊女士被告知有一群人想要发起一项种植100万棵树的运动时，她回复“这很好，但我们真正需要的是种植10亿棵树。”于是，10亿棵树运动就这样开始了！事实上，到目前为止，这项运动已经种植了超过 120 亿棵树了。欲了解更多信息，请参阅：www.plant-for-the-planetbillion-treecampaign.org。

> 于我，于大家，是种树；
> 于世界，是另一番造树。
>
> —— 旺加里·马塔伊(1940—2011)
> 肯尼亚环境和政治活动家
> 2004 年诺贝尔和平奖获得者

来自坦桑尼亚 KiroKa 小学的孩子们正在参加绿波行动
©粮农组织／Daniel Hayduk

结论

既然你已经阅读完了迈向变革的6个简单步骤，那么你就可以带着自己的森林行动项目行动起来啦！但是请记住，这些步骤仅供参考，你需要自己摸索属于自己的路径。从来没有完美的成功秘诀，因为你永远无法预知下一步会发生什么。

你开展的每个项目都是一个学习过程，它将是对你解决问题能力的一种考验。不要忘记花点时间去记录和反思，保持良好的记录习惯将帮助你从自己的经验中学习，也使得你更容易与国内外的其他人分享你所学到的知识。当你成为一名过来人之后，你也可以帮助其他青年思考、获得灵感并开展属于他的项目啦！

这里有充满活力的森林挑战徽章哦：
www.fao.org/docrep/018/i3479e/i3479e.pdf

金刚鹦鹉，秘鲁
©Geoff Gallice

参与者和组织

附录

A

了解更多关于参与编写和帮助本手册出版的人们，以及与发起本手册有关的机构。

以下附录包含了对这本手册做出贡献的人们和研究院所。他们希望你觉得这本手册有趣又有用，最重要的是，他们希望你会因此对森林充满热情，并且为了保护森林世界而采取行动。

Susan Braatz 是联合国粮农组织的高级林业官员，是森林和气候变化团队的领军人，在国际林业和可持续发展方面拥有30多年的经验。她的专长包括森林政策、森林生态学、气候变化、农林业、社区林业和城市林业。

Celeste Chariandy 是特立尼达和多巴哥共和国高等教育、研究、科学和技术研究所的高级研究人员。曾在加勒比自然资源研究所工作，致力于气候变化、减少灾害风险、社区适应和可持续发展项目教育。

Tim Christophersen 致力于联合国环境规划署协调森林和气候变化方面的工作，包括发挥联合国环境规划署在联合国森林减排方案中的作用。他曾在生物多样性公约秘书处担任林业官员。

Jennifer Corriero 是一名社会企业家和青年参与战略顾问，拥有约克大学环境研究硕士学位。她是TakingitGlobal的联合创始人兼执行董事，被世界经济论坛评为全球青年领袖。

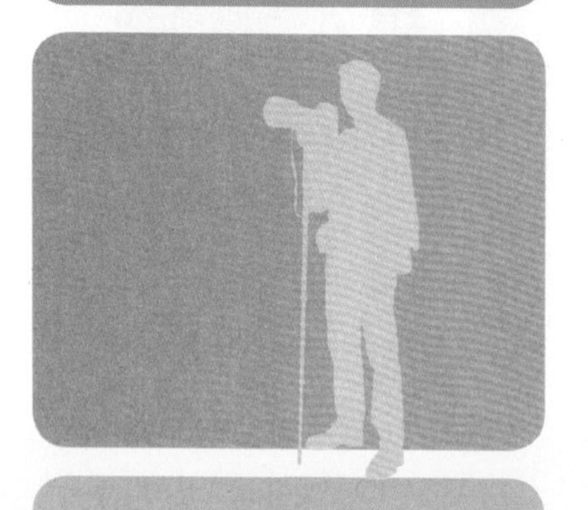

Emily Donegan 是为青年与联合国全球联盟工作的自由作家和设计师。她拥有剑桥大学植物科学学位，对可持续生活和生态学有着浓厚的兴趣，她总是喜欢在业余时间进行插画、绘画和涂鸦。

Giacomo Fedele 是国际林业研究中心的一名研究气候变化适应和减缓协同效应的研究员。在加入国际林业研究中心之前，他在柬埔寨支持联合国森林减排方案，并在联合国粮农组织总部的森林和气候变化团队工作。

Geoff Gallice 是佛罗里达大学昆虫学和线虫学系的研究员。他研究的主要内容是安第斯山脉和西部亚马孙的“生物多样性热点”地区发现的新热带蝴蝶的生态和保护，同时他也会拍摄一些精彩的照片。

Christine Gibb 曾担任《生物多样性公约》(CBD) 秘书处和粮农组织青年和生物多样性问题的顾问。她目前正在菲律宾攻读环境移民博士学位。

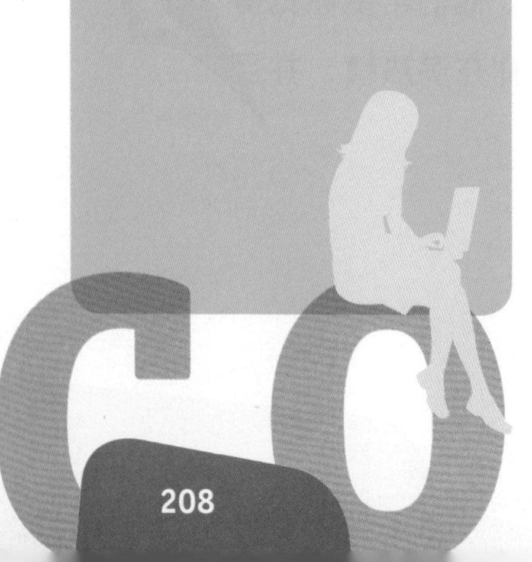

Alashiya Gordes 是一名环境传播者，拥有牛津大学环境政策硕士学位。她参与编辑青年与联合国全球联盟 (YUNGA) 出版物，一直支持联合国粮农组织的气候变化计划，并积极推进联合国粮农组织与有关青年参与的各种跨机构团体的形成。

Victoria Heymell 是一名自由林业和传播顾问，曾在联合国粮农组织林业部工作，负责森林退化和水资源的相关问题，同时也负责协助与合作伙伴和组织的沟通和联络。

contri

Thomas Hofer 是联合国粮农组织的一名高级林业官员，领导团队在山区和一些河流流域开展工作。他还是设在联合国粮农组织的山区伙伴（Mountain Partnership）秘书处的协调员。山区伙伴是一个联合国牵头，拥有来自政府、国际组织和非政府组织的230多个成员的联盟。

Saadia Iqbal 是英国伦敦国际环境与发展研究所的一名通信官。她也曾是世界银行Youthink！网站的主编！

Constance Miller 是一名环境顾问，拥有剑桥大学自然科学和管理研究学位，热衷于让年轻人参与环境问题。她帮助撰写和编辑了许多青年与联合国全球联盟的出版物。

Neil Pratt 就职于《生物多样性公约》（CBD）秘书处外联部（MPO）。他负责监督与儿童和青年相关的主要利益相关方的伙伴关系、外联、交流和教育问题。

Chantal Robichaud 是《生物多样性公约》（CBD）秘书处外联部（MPO）的项目助理。她一直在与利益相关者团体建立伙伴关系，特别是与儿童和年轻人的伙伴关系。

Rosalaura Romeo 是由联合国粮农组织主办的山区伙伴秘书处的项目官员。她的工作是促进山区伙伴成员之间的合作，并致力于将山区问题纳入到主要的国际进程中。

Laura Schweitzer Meins 是一名林务员，最初来自美国，目前在美国农业部工作，她的专业领域包括以社区为基础的林业和森林政策。

Reuben Sessa 是联合国粮农组织的项目官员，负责制定和协调气候变化项目。他还是粮农组织青年事务联络员、青年与联合国全球联盟倡议协调员和青年发展机构间网络成员。

Isabel Sloman 为青年与联合国全球联盟工作，负责协调和编辑各种出版物并管理社交媒体和交流活动。她拥有圣安德鲁斯大学的可持续发展硕士学位。她一直对可持续发展教育和激励年轻人采取行动保护我们的星球充满热情。

Johannes Stahl 在保护迁徙野生动物物种公约（CMS）秘书处工作。在加入 CMS之前，他是《生物多样性公约》（CBD）秘书处森林生物多样性的初级专业官员。

butors

www.canari.org

加勒比自然资源研究所（CANARI）是一个区域性技术性非盈利组织，已在加勒比群岛成立了20多年。它的使命是促进对加勒比群岛发展至关重要的自然资源管理的公平参与和有效合作，并通过学习和研究，提高人们的生活质量和保护自然资源。

Convention on
Biological Diversity

www.cbd.int

《生物多样性公约》（CBD）是一项国际协议，他的目标是保护生物多样性、促进生物多样性组成成分的可持续利用以及以公平合理的方式共享遗传资源的商业利益和其他形式的利用。

www.fao.org

联合国粮食及农业组织（FAO）领导着国际社会战胜饥饿的努力。联合国粮农组织作为一个中立论坛，所有国家都可以在这里平等地商讨政策。联合国粮农组织也是许多知识和信息的来源，一直在帮助各国实现农业、林业和渔业实践的现代化和改进，希望可以让人人都可以享用有良好的、营养的食品。联合国粮农组织林业部旨在加强全球治理和粮农组织成员国的管理和技术能力，以改善森林资源的保护和利用，从而为人类福祉、粮食安全、减贫和环境可持续性做出贡献。

www.tigweb.org

TakingitGlobal是一个非营利组织，旨在促进跨文化对话，加强青年作为领导者的能力，并通过使用科学技术提高世界人民对全球问题的认识程度和参与度。

United Nations
Educational, Scientific and
Cultural Organization

www.unesco.org/education/desd

联合国教育、科学及文化组织（UNESCO）成立于 1945 年 11 月 16 日。联合国教科文组织的使命是通过教育、科学、文化、传媒和信息等为建设和平、消除贫困、可持续发展和跨文化对话作出贡献。它一直在努力做到通过在国家之间建立网络、动员教育、建立跨文化交流、追求科学合作和保护言论自由。它也是联合国教育促进可持续发展十年（2005—2014）的牵头机构。

www.wagggsworld.org

世界女童军协会（WAGGGS）是全球性的女童军组织，提供非正规教育，女孩和年轻女性可以通过自我发展、挑战和冒险来培养领导能力和生活技能。该协会汇集了来自145个国家的女童子军和女童军协会，在全球拥有1 000万成员。

www.scout.org

世界童子军运动组织（WOSM）是一个为童子军运动服务的独立的、全球性的、非盈利的、无党派的组织。其目的是促进团结和加深对童子军运动宗旨和原则的理解，并借此促进其发展。

wwf.panda.org

世界自然基金会（WWF）是世界上最大和最有经验的独立保护组织之一，拥有超过500万支持者并活跃于100多个国家和地区的全球网络。世界自然基金会的使命是通过保护世界生物多样性、确保可再生自然资源的可持续利用和促进减少污染，来阻止地球自然环境的退化，并希望可以建立一个人类与自然和谐相处的未来。

www.yunga-un.org

青年与联合国全球联盟（YUNGA）的成立是为了让儿童和青年参与并有所作为。包括联合国机构和民间社会组织在内的众多合作伙伴合作为儿童和年轻人开发倡议、资源和机会。YUNGA还为儿童和青年提供了参与联合国相关活动的途径，例如千年发展目标（MDG）、粮食安全、气候变化、生物多样性和环境可持续性等相关活动。

请注意，机构或个人的参与并不意味着其认可或同意本手册的内容。

词汇表

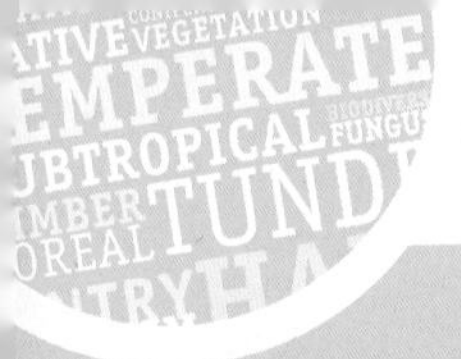

酸雨（Acid rain）：由化石燃料燃烧导致的任何类型的含有硝酸和硫酸的降水。

适应能力（Adaptation）：帮助生物体在特定地点的特定条件下生存和繁殖的特殊特性。适应性随着时间的推移而演变，使某些物种在特定区域的生存能力比其他物种更好。

农林业（Agro-forestry）：一种结合树木生长的农业。

藻类（Algae）：可以进行光合作用的简单生物。它们生活在陆地、淡水和咸水中。

海拔（Altitude）：陆地高于海平面的高度。

水产养殖（Aquaculture）：包括鱼、贝类或海藻在内的水生生物的养殖，通常在网箱、池塘中养殖，双壳类动物则是在绳索或架子上进行。

大气（Atmosphere）：大气是地球周围的一层气体，它通过重力保持在适当的位置。大气中的气体包括氮气、氧气和二氧化碳等。

原子（Atom）：世界上的一切都是由称为“原子”的微小粒子组成的。这些粒子就像小的“积木”，不同的原子结合起来组成不同物质的分子。

雪崩（Avalanche）：大量的雪，通常夹杂着泥土和岩石，从山的一侧松散下来，迅速落到下面的山谷中。雪崩是一种自然灾害，会对受影响的生态系统造成严重破坏。

生物多样性（Biodiversity）：地球上所有不同种类植物和动物生命的多样性，以及它们之间的关系。

生物燃料（Biofuel）：用作燃料或能源的植物材料和动物废物。

生物群落（Biome）：是指地球上的一个区域，可以根据生活在其中的植物和动物进行分类。生物群落与生态系统不同，因为生态系统是环境中生物和非生物的相互作用，而生物群落是由生活在那里的物种定义的特定地理区域。有许多不同类型的森林生物群落，包括：热带雨林、红树林、北方针叶林和落叶林生物群落。

北方针叶林（Boreal forest）：北半球的常绿针叶林，位于冻土带以南，以冷杉和云杉为主。它是世界上最大的陆地生态系统，覆盖阿拉斯加、加拿大、斯堪的纳维亚、俄罗斯、哈萨克斯坦、蒙古国和日本的部分地区。

野味（Bushmeat）：来自被猎杀或捕获的、非养殖的野生动物的肉。

树冠（Canopy）：森林的顶层，包括树冠和树冠以上的植物物种。

圈养（Captivity）：被关在某个地方（如笼子或动物园），不能离开或自由的状态。一些濒临灭绝的物种会被圈养保护起来，防止它彻底灭绝。

碳（Carbon）：一种非常重要的物质，地球上的所有生命都依赖它。它几乎存在于构成我们身体、系统、器官和细胞的每一种生物化合物中。所有植物都以碳为最重要的元素。碳也存在于木炭、石油、塑料和铅笔芯中。

二氧化碳（Carbon dioxide）：由碳原子和氧原子组成的气体，在空气中的占比不到1%。

二氧化碳分子由一个碳原子和两个氧原子组成。二氧化碳由动物产生并被植物和树木利用。人类工业活动也会产生二氧化碳，例如燃烧化石燃料。二氧化碳是一种温室气体，会加速气候变化。

碳汇（Carbon sink）：碳可以以无害的固体形式储存起来，而不以会加速气候变化的有害气体形式存在。一棵树是碳汇的一个例子，它把二氧化碳转化为碳，在细胞中使用。地球上碳汇以系统方式表现的区域是大气、陆地生物圈（通常包括森林和淡水系统）、海洋和沉积物（包括化石燃料）。

肉食性动物/食肉动物（Carnivore）：这些动物通过吃其他动物来获得全部（或绝大多数）营养需求。

细胞（Cell）：生命的基本组成部分。所有生物都是由一个或多个细胞组成的。

分类（Classify）：将某物归入一个组或一个类别。例如，森林根据其类型（天然林、人工林或原始林）进行分类。

气候（Climate）：指某个地点日常天气的长期平均值或整体情况。

气候变化（Climate change）：由自然过程和人类活动共同引起的地球气候整体状态（如温度和降雨量）的变化。温室气体（如二氧化碳）在地球大气中的积累是一些人类活动（如能源生产、运输、农业和商品制造）如何加速气候变化的一个例子。

松柏科（Coniferous）：裸子植物，叶子常常呈针状。针叶树主要分布在北半球。

养护/保护（Conservation）：通过改变人类的需求或习惯来维持自然世界（包括土地、水、生物多样性和能源）的健康。

冠盖（Crown cover）：森林冠层覆盖和遮蔽森林地面的量。

D

落叶性的（Deciduous）：落叶植物在冬天落叶。这种类型的森林与潮湿的气候有关，包括橡树、山毛榉、桦树、山核桃、核桃、枫树、榆树和白蜡树等树种。

分解者（Decomposer）：分解死去的植物和动物的生物体。分解者包括真菌、细菌和蠕虫。

砍伐森林（Deforestation）：砍伐森林或森林的一部分（例如砍伐或焚烧）以使用木材（例如制造纸张或家具）或将土地用于其他用途（例如耕作或在其上建造）。

退化（Degraded, degradation）：当生态系统的一部分（例如森林）受到破坏，例如因为其中一些被砍伐，但生态系统尚未消失时，就会发生退化。这可能只是暂时的，在这种情况下，随着时间的推移，受损的森林可能会重新长成健康的森林。

荒漠化（Desertification）：干旱、半干旱和亚湿润干旱地区由于气候变化和人类活动等多种因素造成的土地退化。荒漠化导致自然生态系统退化并降低农业生产力。

发达国家（Developed country）：社会经济富裕，工业、技术、基础设施等水平较高的国家。

发展中国家（Developing country）：一个试图在经济上变得更加发达的贫穷国家。发展中国家往往严重依赖自给农业或渔业（农民或渔民种植、饲养或捕捞足够的食物只是为了养家糊口，很少生产足够的产品来卖掉谋生）。

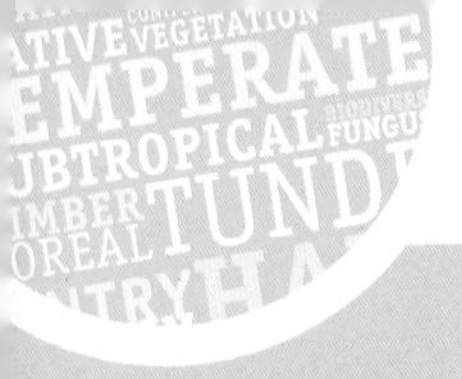

干旱（Drought）：长期降雨异常少，导致缺水。干旱可能导致荒漠化。

E

生态过程（Ecological process）：生活在生态系统中的生物进行的活动。生态过程的两个例子是过滤水或空气，以及分解死去的生物。

生态（Ecology）：生物体与其环境之间的关系。

生态系统（Ecosystem）：环境的物理和生物组成部分及其相互作用。一个生态系统是相对独立的，由在那里发现的生物类型及其相互作用（例如森林、湖泊）定义。最终，整个世界是一个巨大的、非常复杂的生态系统。

生态系统产品和服务（Ecosystem goods and services）：人类和自然环境可以从自然生态系统中获得的利益。有4种类型的生态系统服务：供应（例如提供食物和水）、调节（例如健康的树根在地下有助于防洪）、文化（例如人们喜欢在大自然中度过时光；一些文化崇拜自然或其中的一部分）和支持（例如自然水循环有助于维持地球上的生命）。

生态旅游（Ecotourism）：生态旅游是一种对环境影响较小、支持当地生计的旅游。生态旅游者经常喜欢去自然美景区享受大自然。

露生层（Emergent layer）：森林中最高的树木层，伸出树冠上方的那一层。

濒危（Endangered）：如果一种植物或动物物种有灭绝的危险，则称其为“濒危”。

本土物种（Endemic）：一种原产于特定地区或环境的物种，在其他任何地方都没有自然发现。

附生植物（Epiphyte）：一种在其他植物上生长并以其他植物为生的植物，在地下没有自己的根。因此，附生植物有时也被称为“空气植物”。

赤道（Equator）：赤道是绕地球0°纬度的线。赤道与两极的距离相等，将地球表面分为北半球和南半球。

侵蚀（Erosion）：侵蚀意味着“磨损”。岩石和土壤在被雨水、水流、波浪、冰、风、重力或其他自然或人为因素移动时会受到侵蚀。也见“风化”。

蒸发（Evaporation）：热量将液体物质转化为气体或蒸汽的过程。

常绿（常青）植物（Evergreen）：常年保持叶子或针叶的树、灌木或植物（与落叶植物不同）。

进化（Evolve）：随着时间的推移逐渐变化的过程，从一种形式转变为另一种形式。例如，一个生物体可能会通过一系列的适应来进化，以更好地适应不断变化的环境。

外来物种（Exotic）：在其正常范围之外的特定区域生活或生长。

灭绝的，灭绝（Extinct，extinction）：植物或动物物种不再生活在地球上的状态。

F

砍伐（Fell）：把树砍倒。

食物网（Food web）：相互依存的食物链系统。食物链向我们展示了基于什么吃什么的生物之间的联系。当一些生物吃同样的东西时，这些链会交叉，形成复杂的食物网。

森林干扰（Forest disturbance）：改变森林和其中生长的树木的事件（例如干旱、火灾或森林砍伐）。森林干扰可能是自然过程的一部分，也可能是人类活动的结果。

森林覆被（Forest floor）：森林的最底层。

化石燃料（Fossil fuels）：化石燃料从史前植物或动物遗骸中形成了数百万年。化石燃料的三个例子是煤、石油和天然气。当我们燃烧化石燃料为车辆提供燃料或产生能源时，温室气体二氧化碳会被释放到大气中，导致气候变化（温室效应）。

真菌（Fungus）：通过分解有机物而在土壤、死物质或其他真菌上生长的生物体。这个过程意味着养分被重复使用（“养分循环”）。例如，蘑菇是特定种类真菌的果实。

基因（Gene）：细胞内的化学结构，包含有关生物体特征的信息；它从父母传给后代。

发芽（Germinate）：植物开始生长并长成植物的过程。

温室气体（Greenhouse gases）：这些是大气中可以吸收和散发（或辐射）热量的气体。它们包括水蒸气、二氧化碳、甲烷、一氧化二氮和臭氧。工业生产、能源生产和交通运输等人类活动使大气中的温室气体含量增加，以至于地球的温度开始上升：这就是所谓的气候变化。

栖息地（Habitat）：一个生物体通常生活的生态系统中的当地环境。

硬木（Hardwood）：来自“被子植物”树的木材，这意味着它们的种子有某种覆盖物。硬木用于建筑、家具、地板和容器等。

半球（Hemisphere）：半球的意思是“半个球体”。地球分为两个半球，在赤道处分为“北半球”和“南半球”。

草食性动物/食草动物（Herbivore）：只食用植物、藻类和光合作用细菌的动物。

原住民（Indigenous people）：特定地区的原始或已知最古老的居民。这些社区往往与他们所居住的森林有着强烈的文化联系，有时甚至是精神联系。

基础设施（Infrastructure）：社区或社会运作所需的基本设施和服务，例如交通和通信系统、水资源和电力系统，以及包括学校和邮局在内的公共机构。

无形的（Intangible）：不能轻易触摸或想象的东西。例如，过滤水和空气是森林带来的重要的无形效益。

入侵物种（Invasive species）：意外或故意从其他地方引入一个地区的动物、植物和其他物种，通过竞争本土物种对本土栖息地产生负面影响。

世界自然保护联盟濒危物种红色名录（IUCN red list）：基于全球数千名专家收集的数据，对全球物种保护状况的清单。红色名录告诉我们有多少物种濒临灭绝，以及它们濒临灭绝的程度，使用以下类别：灭绝、野外灭绝、极度濒危、濒危、易危、近危、最不关注、数据不足和未评估。

关键物种（Keystone species）：对生态系统有重大影响的物种，特别是当其他物种依赖它们生存时。

纬度（Latitude）：衡量赤道以北或以南的距离。

生计（Livelihood）：一种养活自己的方式，要么通过有薪工作，要么通过种植、生产和收集生存所需的一切。

微生物（Microorganism）：一种很小的生物，仅用人眼无法看到，但可以通过显微镜看到。在生态系统中，它们有助于循环利用养分。

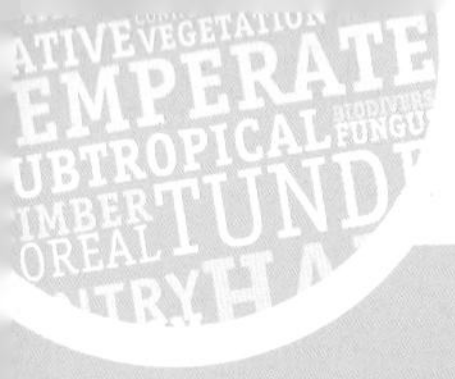

减缓、缓解气候变化（Mitigate, mitigation of climate change）：减少大气中温室气体的数量。从大气中清除温室气体的方法有多种。例如，树木会吸收二氧化碳，这也是为什么REDD+支持树木的种植和森林的保护。

分子（Molecule）：当单个原子粘在一起时，它们组成的小簇被称为“分子”。不同的分子组成不同的物质。例如，一个二氧化碳分子由一个碳原子（C）和两个氧原子（O）组成，这就是它的学名是CO_2的原因。

原生的，本土的（Native）：原产于一个地方并在那里自然发生的东西。

天然林（Natural forest）：由本土树木组成的森林。

自然灾害（Natural hazard）：干旱、洪水、飓风和海啸都是可能危害人类和环境的自然灾害的例子。由于气候变化，此类自然灾害变得更加严重和频繁，因此变得更具威胁性。

自然资源（Natural resource）：自然资源是在我们周围的自然环境中发现的有用材料。水、土壤、木材或岩石是我们赖以生存的自然资源的例子。我们需要水来饮用，需要水和土壤来种植食物，需要木材来制造纸张和家具，或者需要木材和岩石来制造建筑材料。而这些只是我们应用资源的几个方面！你能想到更多吗？

非本土种（Non-native）：生活或生长在其正常范围之外的区域的物种。

非木材林产品（Non-wood forest products）：除木材外的所有林产品均为非木材林产品　。非木材林产品包括树脂、油类、树叶、树皮、真菌、动物或动物产品以及树木以外的植物。

营养（Nutrients）：动植物生存和生长所需的化学物质。

生物体（Organism）：活的生物，如植物、动物或微生物。

过度开发（Over-exploitation）：过度使用物种或生态系统，可能导致自然区域无法自我更新。在严重的情况下，过度开发可能导致一个物种的灭绝。

氧气（Oxygen）：植物在光合作用过程中产生的气体，供需要呼吸的人和动物使用。氧分子由两个氧原子组成。

光合作用（Photosynthesis）：在植物和藻类中发现的一种生物过程，它利用光作为能源将二氧化碳和水转化为食物来源（糖和其他有用的化学物质）。光合作用分解二氧化碳分子，使植物可以利用碳（C）。剩余的氧气（O_2）　分子被释放回空气中，这对地球上的生命非常重要！

人工林/种植林（Planted forest, plantation）：通过在耕地上种植或播种新树而建立的森林。种植园经常种植引进物种，但在某些情况下也使用本土物种。

传粉者（Pollinator）：一种将花粉从一种种子植物传播到另一种植物的动物，不知不觉地帮助植物繁殖。常见的传粉媒介包括蜜蜂、蝴蝶、飞蛾、蝙蝠和鸟类。

降水（Precipitation）：大气中的水蒸气凝结并以雨、雨夹雪、雪或冰雹的形式落下的过程。

原始森林（Primary forest）：有本土树种的森林，生态系统过程大多未受干扰，人类活动没有明显影响。

REDD+：旨在减少大气中温室气体和减缓气候变化的国际机制。它奖励发展中国家的政府、地方当局和森林所有者，因为他们保持森林完整而不是砍伐森林。它被称为“减少毁林和森林退化造成的排放以及保护、森林可持续管理和增加发展中国家森林碳储量的作用”或简称“REDD+”。

再生（Regenerate，Regeneration）：更新或恢复损坏的东西。例如，森林在野火或入侵物种被清除后可能需要再生。

可再生能源（Renewable energy）：由可再生资源提供动力的能源，可以通过自然过程或人类活动来替代或补充。风能、水能和太阳能是可再生能源的例子。

可再生资源（Renewable resource）：可以通过地球的自然过程或人类活动来替代或补充的资源。空气、水和森林通常被认为是可再生资源的例子。

S

热带草原（Savannah）：开阔的草原，通常有零星的灌木或树木，是热带非洲大部分地区的特征，那里的降雨是季节性的。

造林（Silviculture）：明智地开发和照料森林的过程，以便森林在未来继续提供多种利益。

社会经济效益（Socio-economic benefits）：有助于个人或社区的社会和经济福祉的事物。优点可能包括公共服务、良好的营养、就业和男女平等。

软木（Softwood）：来自被称为“裸子植物”树的木材，这意味着它们的种子没有覆盖物。软木树分布在全球北部，它们的木材在颜色和重量上都比较轻。

物种（Species）：一组相似的生物，它们能够一起繁殖并产生健康的后代，这些后代能够自己产生后代。

亚热带的（Subtropical）：亚热带的（见亚热带）。

亚热带（Subtropics）：热带和温带之间的地区。

可持续性（Sustainable，sustainability）：我们人类利用自然环境来满足我们的需求而不破坏它，不会导致自然环境不再具有生产力（即不再支持植物、动物或人类生命）的状态。

可持续森林管理（Sustainable forest management）：一种使用和照顾森林的方式，试图保持森林所有部分的健康，包括现在和未来的植被、土壤、水和野生动物。它平衡了森林的保护和使用。它是一种前瞻性的管理形式，考虑到森林的社会、文化、精神、经济和生态价值。

共生（Symbiosis）：两种不同的生物体（通常是两种植物，或一种动物和一种植物）之间的关系，它们相互依附，或者一种以另一种为生。共生生物以互惠互利的方式相互支持。

T

有形的（Tangible）：容易看到、触摸和感觉到。“无形”的反义词。

温带（Temperate）：可以在地球热带和极地地区之间找到的气候类型，那里的温度相对适中，夏季和冬季很少有极端天气。例如，地中海气候是温带气候。

陆地（Terrestrial）：整个土地或地球（“terra”在拉丁语中意为“地球”）。

潮汐（Tide）：由于月球和太阳的引力以及地球的自转，引起海洋的涨落。大多数地方每天都会出现两次高潮和低潮。

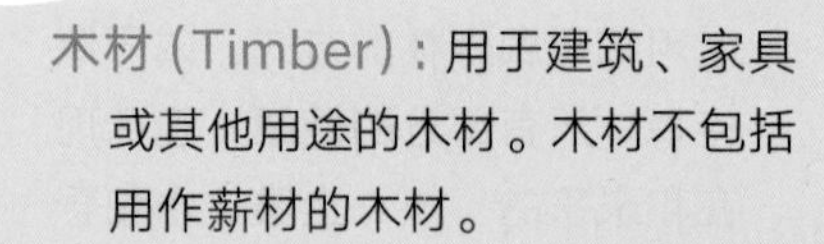

木材（Timber）：用于建筑、家具或其他用途的木材。木材不包括用作薪材的木材。

表层土（Topsoil）：土壤的顶层，植物从中获取大部分养分。

蒸腾作用（Transpiration）：水分从植物叶子下面称为“气孔”（希腊语中的“小嘴”！）的小孔中释放出来的过程。

热带森林（Tropical forest）：赤道附近地区的森林。

热带雨林（Tropical rainforest）：由常绿乔木形成茂密的森林，生长在热带纬度（赤道附近）全年降雨量大的地区和温暖、温带气候的地区。

热带地区（Tropics）：赤道周围地区，气候非常温暖，全天约有12 小时的日光（和 12 小时的黑暗）。热带向北延伸至北回归线（6月21日中午太阳直接在头顶的线），向南延伸至南回归线（12月21日中午太阳直接头顶的线）。

海啸（Tsunami）：海啸是由地震、火山爆发和水下滑坡等海底运动引起的极其强大的海浪。

苔原（冻土）（Tundra）：北半球的一片平坦土地，那里的地面总是结冰，根本没有森林。

下层木（Understorey）：森林主树冠下的植被层。

不可持续的（Unsustainable）：与可持续的相反。

植被（Vegetation）：一个地区的植物和树木。

流域（Watershed）：雨水和积雪并流入更大水域的土地，如沼泽、溪流、河流、湖泊、海洋或地下水。一个流域可以小到几公顷，也可以大到几千平方公里。

风化（Weathering）：由于自然因素（如风、雨、潮汐或生长的树根）或人为因素（如化学污染）造成的材料或物质（如岩石或土壤）的磨损。与侵蚀不同，风化发生在材料不移动的情况下。

野火（Wildfire）：一种容易蔓延的大火，具有破坏性。

木材林产品（Wood forest product）：由树木和其他木本植物的茎和枝制成的任何产品。

你的笔记

图书在版编目（CIP）数据

青少年森林科普手册 / 联合国粮食及农业组织编著；陈再忠等译．-- 北京：中国农业出版社，2022.12

（FAO 中文出版计划项目丛书．青年与联合国全球联盟学习和行动系列）

ISBN 978-7-109-30033-0

Ⅰ．①青… Ⅱ．①联… ②陈… Ⅲ．①森林–青少年读物 Ⅳ．① S7-49

中国版本图书馆 CIP 数据核字（2022）第 178203 号

著作权合同登记号：图字 01-2022-3767 号

青少年森林科普手册

QINGSHAONIAN SENLIN KEPU SHOUCE

中国农业出版社出版

地址：北京市朝阳区麦子店街 18 号楼

邮编：100125

责任编辑：郑　君　　文字编辑：赵　硕

责任校对：吴丽婷

印刷：北京缤索印刷有限公司

版次：2022 年 12 月第 1 版

印次：2022 年 12 月北京第 1 次印刷

发行：新华书店北京发行所

开本：889mm × 1194mm 1/20

印张：12

总字数：765 千字

总定价：240.00 元（全 3 册）
